JN102384

公共施設別

公民連携
ハンドブック

株式会社民間資金等
活用事業推進機構
【編著】

中央経済社

はじめに

　公共施設の整備や運営に関するわが国の公民連携は，海外の仕組みを参考にしつつも，事業にかかわった多くの先人たちの尽力によって，日本の経済社会に合った形で独自の発展を遂げてきました。公共施設や公共インフラの老朽化が進む一方で，国と地方自治体の財政が一段と厳しくなっており，公民連携によって効率的，効果的に公共施設を「つくる」,「まもる」,「いかす」ことが求められています。

　私たちは，公共施設や公共インフラの整備・運営にかかわる幅広い公民連携手法の概要をわかりやすく整理するとともに，多様な事業分野の数多くの事例の中から今後の案件にも役立つヒントを探ることを目的として，本書の執筆にとりかかりました。

　本書は，公民連携手法などを説明する第1章と各分野の事例を紹介する第2章に分かれています。

　第1章では，PFI・コンセッション，指定管理者制度など広く普及している手法だけでなく，多様な公民連携の事業手法について，法律や政策などでの位置づけ，活用の状況，メリットと留意点などについて解説します。公共施設等の整備や運営に関する制度に加え，実際の事業を検討する上で必要となる視点から，事業主体の選択，不動産の権利関係の整理についても触れています。

　第2章では，25の事業分野に分けて，公民連携の事例を紹介します。指定管理者制度の導入が進んでいる文化施設やスポーツ施設，PFIが普及している学校給食センターや公営住宅などに加え，道路，河川，上下水道など，これまでは公民連携にはなじまないと考えられていた分野においても，制度の整備が進み，関係者が工夫を重ねる中で，案件が増えていることを説明します。

　第1章（手法）と第2章（分野）を縦糸と横糸と考えていただき，これらを織り合わせることによって，新しい案件を検討する際の参考にしていただければ幸いです。

　公民連携の多様な手法や個々の事例には，それぞれ背景や状況は異なっても，

「公民連携のフィロソフィー」とも言える共通する考え方があります。

　出発点は，公共，民間，住民などが対等な立場でコミュニケーションを活発化させ，アイデアを持ち寄り連携の輪を広げることです。次に，民間が持っている人材，技術，経験・ノウハウ，資金などの資源を徹底的に活用することです。事業スキームを検討する際には，一括発注，性能発注，長期契約を基本に，公民の役割分担やリスク分担を個々の事業に適したものとし，余剰地などの未利用の資源活用や外部経済の内部化などの考え方も導入して事業計画を練り，事業の効率性を高めて公共の財政負担の軽減につなげてゆきます。

　競争原理が働く状況で透明性を確保して事業者を決定し，事業期間を通して適切にモニタリングや評価を継続し，プロフィットシェアなどの仕組みにより事業者のインセンティブを高めることや，全国画一ではなくその場所に最も適した方法を考えること（ローカライゼーション）も，公民連携の実を上げるための前提となります。私たちは，本書でとりあげた数多くの事例を通じて，事業の基本となる「公民連携のエッセンス」を改めて認識することができました。

　なお，本書は公共施設の整備と運営に主眼を置いているため，お祭りやイベントなどのソフトな事業の公民連携の事例は含まれていません。ソフトな活動による地域おこしについては，数多くの優れた書籍がありますので，そちらをご参照ください。

　本書の執筆にあたり，政府の各府省，地方自治体，公共施設の運営会社，日本PFI・PPP協会などの資料やホームページを参考にさせていただきました。

　最後に，本書を出版していただいた和田豊副編集長をはじめとする中央経済社の皆様，資料・写真をご提供くださった皆様に深く御礼申し上げます。

2021年9月

　　　　　　　　　　　　　　　　　　　　　　　　　執筆者一同

目　　次

事例一覧表

施設名あるいは事業名	立地	記載箇所
学校施設（小中高）		
宿毛小学校・宿毛中学校合築	宿毛市（高知県）	第2章第1節
四日市市立小中学校4校建替え	四日市市（三重県）	第2章第1節
市川七中行徳ふれあい施設	市川市（千葉県）	第2章第1節
大分市立小学校空調設備	大分市（大分県）	第2章第1節
釧路市立学校施設	釧路市（北海道）	第2章第1節
学校給食センター		
だて歴史の杜食育センター	伊達市（北海道）	第2章第2節
善通寺市・琴平町・多度津町学校給食センター	善通寺市（香川県）	第2章第2節
狭山市立堀兼学校給食センター	狭山市（埼玉県）	第2章第2節
大学施設		
九州大学（伊都）総合研究棟（理学系）他施設	糸島市（福岡県）	第2章第3節
沖縄科学技術大学院大学宿舎	恩納村（沖縄県）	第2章第3節
大阪大学グローバルビレッジ津雲台	吹田市（大阪府）	第2章第3節
大阪大学グローバルビレッジ箕面船場	箕面市（大阪府）	第2章第3節
国際教養大学新学生宿舎	秋田市（秋田県）	第2章第3節
事務庁舎		
高浜市役所本庁舎	高浜市（愛知県）	第1章第3節
八木駅南市有地活用事業	橿原市（奈良県）	第1章第3節
豊島区新庁舎整備事業および旧庁舎跡地活用事業（Hareza池袋）	豊島区（東京都）	第1章第3節
長岡市シティーホールプラザ（アオーレ長岡）	長岡市（新潟県）	第2章第4節
渋谷区役所建替プロジェクト	渋谷区（東京都）	第2章第4節
横浜市瀬谷区総合庁舎および二ツ橋公園	横浜市（神奈川県）	第2章第4節
大津地方合同庁舎（大津びわ湖合同庁舎）	大津市（滋賀県）	第2章第4節
消防，警察施設		
石巻地区広域行政事務組合消防本部（石巻消防署併設）庁舎	石巻市（宮城県）	第2章第5節
原宿警察署（神宮前一丁目民活再生プロジェクト）	渋谷区（東京都）	第2章第5節
徳島県警察駐在所の一括整備	徳島県	第2章第5節
公営住宅		
徳島県県営住宅	徳島県	第2章第6節
みやき町定住促進住宅	みやき町（佐賀県）	第2章第6節

施設名あるいは事業名	立地	記載箇所
境地区定住促進住宅	境町（茨城県）	第2章第6節
文化・コミュニティ施設		
習志野市公民館および中央図書館 （プラッツ習志野）	習志野市（千葉県）	第2章第7節
藤枝市立図書館（駅南図書館）	藤枝市（静岡県）	第2章第7節
安城市図書情報館	安城市（愛知県）	第2章第7節
こども未来創造館	足立区（東京都）	第2章第7節
べにっこひろば	山形市（山形県）	第2章第7節
市民ホール・音楽ホール		
市民会館跡地エリア整備事業	茨木市（大阪府）	第2章第8節
やまと芸術文化ホール（大和市文化創造拠点シリウス）	大和市（神奈川県）	第2章第8節
三重県文化会館	津市（三重県）	第2章第8節
東大阪市文化創造館	東大阪市（大阪府）	第2章第8節
札幌市民ホール	札幌市（北海道）	第2章第8節
豊島区立芸術文化劇場	豊島区（東京都）	第2章第8節
博物館，美術館等		
葛飾柴又寅さん記念館・山田洋次ミュージアム	葛飾区（東京都）	第2章第9節
神奈川県立近代美術館（葉山館）	葉山町（神奈川県）	第2章第9節
鳥取県立美術館	倉吉市（鳥取県）	第2章第9節
三鷹市立アニメーション美術館 （三鷹の森ジブリ美術館）	三鷹市（東京都）	第2章第9節
熊本城桜の馬場	熊本市（熊本県）	第2章第9節
福岡市科学館	福岡市（福岡県）	第2章第9節
新江ノ島水族館	藤沢市（神奈川県）	第2章第9節
「する」スポーツ施設		
帯広市総合体育館	帯広市（北海道）	第2章第10節
（仮称）青森市アリーナ及び青い森セントラルパーク等整備運営事業	青森市（青森県）	第2章第10節
鴨池公園水泳プール	鹿児島市（鹿児島県）	第2章第10節
武生中央公園水泳場	越前市（福井県）	第2章第10節
盛岡南公園野球場（仮称）	盛岡市（岩手県）	第2章第10節
本栖湖スポーツセンター	富士河口湖町（山梨県）	第2章第10節
「観る」スポーツ施設		
横浜スタジアム	横浜市（神奈川県）	第1章第1節
東京スタジアム（味の素スタジアム）	調布市（東京都）	第1章第1節
横浜アリーナ	横浜市（神奈川県）	第1章第1節
北九州スタジアム （ミクニワールドスタジアム北九州）	北九州市（福岡県）	第2章第11節

施設名あるいは事業名	立地	記載箇所
南長野運動公園総合球技場 （長野Uスタジアム）	長野市　（長野県）	第2章第11節
市立吹田サッカースタジアム (Panasonic Stadium Suita)	吹田市　（大阪府）	第2章第11節
有明アリーナ	江東区　（東京都）	第2章第11節
舞洲体育館　（おおきにアリーナ舞洲）	大阪市　（大阪府）	第2章第11節
公立病院，福祉施設		
藤沢市民病院	藤沢市　（神奈川県）	第2章第12節
和泉市立総合医療センター	和泉市　（大阪府）	第2章第12節
八尾市立病院	八尾市　（大阪府）	第2章第12節
桑名市総合医療センター	桑名市　（三重県）	第2章第12節
品川リハビリテーションパーク	品川区　（東京都）	第2章第12節
富山市まちなか総合ケアセンター	富山市　（富山県）	第2章第12節
産業用施設　（MICE，研究施設など）		
幕張メッセ	千葉市　（千葉県）	第2章第13節
群馬コンベンションセンター （Gメッセ群馬）	高崎市　（群馬県）	第2章第13節
出島メッセ長崎	長崎市　（長崎県）	第2章第13節
かながわサイエンスパーク	川崎市　（神奈川県）	第2章第13節
ライフイノベーションセンター	川崎市　（神奈川県）	第2章第13節
水道・工業用水道施設		
ありあけ浄水場	大牟田市　（福岡県）	第2章第14節
㈱水みらい広島	広島県	第2章第14節
犬山・尾張西部浄水場	愛知県	第2章第14節
熊本県工業用水道事業	熊本県	第2章第14節
宮城県上工下水一体官民連携事業	宮城県	第2章第14節
下水道施設・浄化槽		
上下水道施設維持管理業務の包括的民間委託	かほく市　（石川県）	第2章第15節
下水道管路施設の包括的民間委託	柏市　（千葉県）	第2章第15節
茨城県流域下水道事業等	茨城県	第2章第15節
大船渡浄化センター施設改良付運営事業	大船渡市　（岩手県）	第2章第15節
豊橋市バイオマス資源利活用施設	豊橋市　（愛知県）	第2章第15節
富田林市下水道管渠長寿命化PFI事業	富田林市　（大阪府）	第2章第15節
富田林市浄化槽整備推進事業	富田林市　（大阪府）	第2章第15節
愛南町営浄化槽整備推進事業	愛南町　（愛媛県）	第2章第15節
浜松市公共下水道終末処理場 （西遠処理区）運営事業	浜松市　（静岡県）	第2章第15節
都市公園		
勝山公園鷗外橋西側橋詰広場	北九州市　（福岡県）	第2章第16節

施設名あるいは事業名	立地	記載箇所
佐世保市中央公園	佐世保市（長崎県）	第2章第16節
大阪城公園	大阪市（大阪府）	第2章第16節
道の駅・観光施設		
サーモンパーク千歳	千歳市（北海道）	第2章第17節
道の駅むつざわ つどいの郷	睦沢町（千葉県）	第2章第17節
お茶と宇治のまち歴史公園	宇治市（京都府）	第2章第17節
道路		
愛知県有料道路	愛知県	第2章第18節
東京湾アクアライン	千葉県，神奈川県	第2章第18節
下関北九州道路	山口県，福岡県	第2章第18節
東京高速道路KK線	中央区（東京都）	第2章第18節
道路等包括管理事業（東京都府中市）	府中市（東京都）	第2章第18節
安来地区電線共同溝PFI事業	安来市（島根県）	第2章第18節
空港		
北海道内7空港	北海道	第2章第19節
南紀白浜空港	白浜町（和歌山県）	第2章第19節
下地島空港	宮古島市（沖縄県）	第2章第19節
交通施設		
青森県営駐車場・県営柳町駐車場	青森市（青森県）	第2章第20節
（公財）自転車駐車場整備センター	全国	第2章第20節
河川		
大阪市道頓堀川遊歩道 （とんぼりリバーウォーク）	大阪市（大阪府）	第2章第21節
エネルギー施設		
鳥取県営水力発電所	鳥取県	第2章第22節
万葉の里風力発電所	南相馬市（福島県）	第2章第22節
真庭バイオマス発電所	真庭市（岡山県）	第2章第22節
廃棄物処理施設		
我孫子市新廃棄物処理施設	我孫子市（千葉県）	第2章第23節
君津地域広域廃棄物処理施設	君津市（千葉県）	第2章第23節
公的不動産（PRE）活用		
山陽小野田市商工センター	山陽小野田市（山口県）	第1章第3節
ユクサおおすみ海の学校	鹿屋市（鹿児島県）	第2章第24節
京都国際マンガミュージアム	京都市（京都府）	第2章第24節
道の駅 保田小学校	鋸南町（千葉県）	第2章第24節
宮崎駅西口バスターミナル	宮崎市（宮崎県）	第2章第24節
その他の施設		
神戸市中央卸売市場	神戸市（兵庫県）	第2章第25節
喜連川社会復帰促進センター	さくら市（栃木県）	第2章第25節
可茂衛生施設利用組合新火葬場	美濃加茂市（岐阜県）	第2章第25節

第 **1** 章

公民連携の事業手法

　公共施設等の整備や運営に関する公民連携には数多くの手法があり，個々の手法を正確に理解し，個別の事業に最適な手法を選択することは容易ではありません。本章では，第1節において，PFI手法，コンセッション方式，指定管理者制度など広く普及している手法だけでなく，DB・DBO方式などのPFI類似手法，Park-PFIで用いられる公募設置管理制度，包括的民間委託，負担付寄附，施設利用権など多様な公民連携の事業手法について，法律や政策などでの位置づけ，活用の状況，メリットと留意点などについて整理します。

　第2節では，公共（発注者）と民間事業者（受注者）の双方についての事業主体の選択について説明します。公民連携事業の発注者としては，国や地方自治体だけでなく，一部事業組合，協議会方式が用いられている例もあります。また，民間側では，一般の民間企業の他，SPC（特別目的会社），第三セクター，自治体の外郭団体，NPOなどが受注者となることもあります。事業の成果を確実なものとするためには，公民双方の事業主体選択も重要な要素となります。

　第3節では，不動産に関する権利関係の整理についてとりあげます。定期借地権，土地区画整理事業，市街地再開発事業，民間所有施設の賃借などの手法を活用することで，公有地の有効活用や公民連携の強化につながります。

　公民連携を理解する上での「縦糸」として，また，第2章における分野や事例を理解する前提として，本章で記載した基礎知識がお役に立てば幸いです。

第1節　公共施設の整備・運営に関する公民連携手法

　公共施設の老朽化に伴う，更新需要の高まり，公共施設マネジメントの取組みが定着しつつある中で，施設の新設や更新，また，維持管理を民間の資金や経営能力等を活用する公民連携（PPP）の必要性が増しています。背景には，バブル崩壊以降，税収が伸び悩む一方で，人口減少および少子高齢化により公共施設の整備費，維持管理費等への歳出が抑制傾向にあることや，自治体職員数の減少に伴う，人手不足の深刻化等があります。また，多様化するニーズに対応していく中で，必要なサービスを提供するためには，単に公共施設の老朽化に対応するのではなく，公共サービスのあり方自体を見直し，真に必要なサービスおよび施設は何かを検討する必要があり，これらを解決していく手段として公民連携の活用が求められています。

　公民連携手法は多様ですが，業務範囲で整理すると，施設の設計・建設業務と維持管理・運営業務の2つに大別され，民間の関与度によっても手法が異なるため，公民連携手法を活用する際は，官民の役割分担を明確にする必要があります。**図表1－1－1**は，一部の公民連携手法を民間事業者の担う業務範囲で整理した分類イメージを示しています。

図表1－1－1 公民連携手法の分類イメージ

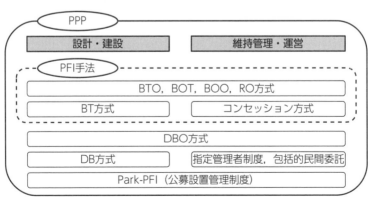

（出所：当社作成）

(1)　PFI手法

①　PFI手法とは

1）定義

　PFI手法とは，公共施設等の整備・運営を行うにあたり，設計・建設から維持管理・運営までの業務を，長期間にわたり一括して民間事業者に委ねる事業手法です。民間事業者が持つ経営能力や技術的能力などを活用し，従来手法（公共工事）に比べて，少ない財政負担でより良い住民サービスを提供することを目指します。さまざまな公民連携の事業手法のうち，最も代表的かつ本格的なものがPFI手法です。

　PFIという言葉は，英語の「Private Finance Initiative」の略で，日本語では「民間資金等活用事業」と訳されます。民間資金等の「等」の中に，民間の経営能力，ノウハウ等が含まれます。英国など海外での取組みを参考に，日本でも1999年に「民間資金等の活用による公共施設等の整備等の促進に関する法律」（以下，「PFI法」という）が施行され，以降20年の間に，地方自治体，国，独立行政法人，国立大学法人等により800件以上の事業で活用されてきました。

　一方で，「PFI」という特別な事業があるわけではありません。整備する施設は通常の公共事業の場合と同じですが，大きな相違点は，「公共から民間への発注方法」にあります。

2）発注方法の違い

　自治体など発注者側から見た場合，PFI事業の本質は，「発注方法の違い」です。従来手法（公共工事）においては，分割発注，仕様発注，短期契約が中心であるのに対し，PFI手法は，一括発注，性能発注，長期契約によって行われます。もちろん，PFIだからといって，従来手法（公共工事）とは異なる新しい施設を整備するわけではありません。たとえば，体育館を建て替える，美術館の大規模改修を行う，という個別の事業そのものについては，従来手法（公共工事）と変わるところはありません。発注方法の違いによって，事務的なプロセスが異なるという点をご理解ください。

図表1-1-2　従来手法（公共工事）とPFI手法の発注方法

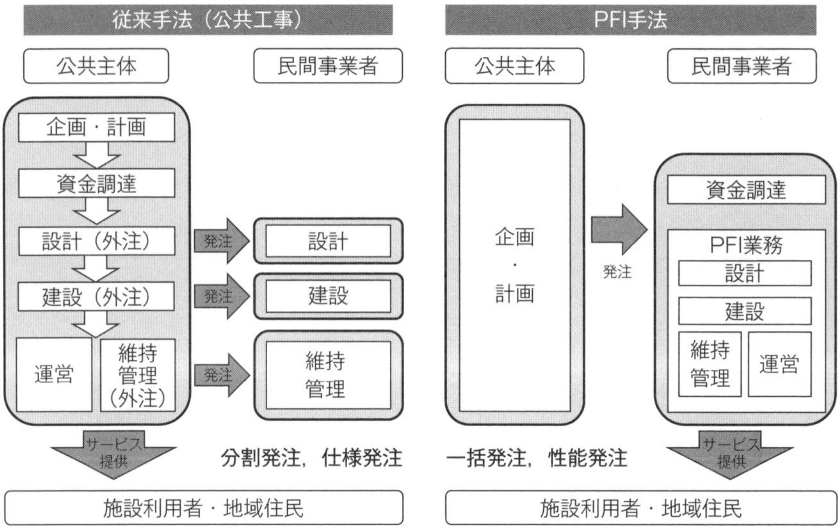

（出所：当社作成）

3）関係主体

　従来手法（公共工事）の場合には，発注者である公共側と受注者である民間事業者の2者のみの契約ですが，PFI手法の場合には，**図表1-1-3**のように登場人物が少し異なります。公共側の業務の範囲は，案件の企画，事業者の公募，事業契約の締結，事業のモニタリング，サービス購入料の支払いなどの業務に限定されます。一方，民間事業者は，設計，建設，施設の維持管理，事業の運営，資金調達および返済と非常に幅広い業務を担います。

　また，民間事業者は，自ら調達する資金の多くを金融機関からの借入でまかなうため，金融機関の役割が重要となってきます。融資を予定する金融機関は，事業スキームや事業契約，民間事業者の事業遂行能力，さまざまなリスクへの対応策などを中心に審査を行い，融資条件を検討します。融資実行時には，公共側と金融機関の間で直接協定を締結し，民間事業者に万が一の事態が生じた場合の対応をあらかじめ定めておきます。

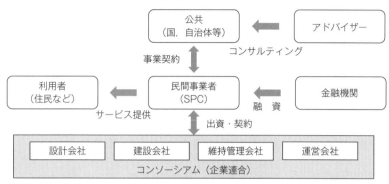

図表1-1-3　PFI事業の関係主体

（出所：当社作成）

4）プロセスの概要

　PFI手法の導入・検討プロセスの概要は**図表1-1-4**の通りです。従来手法（公共工事）と同様に基本構想，基本計画の段階を経てプロジェクトを具体化させていきます。従来手法（公共工事）と異なるのは，事業者公募前の導入可能性調査から事業契約の締結にかけてのところです。PFIの場合には，一括発注，性能発注となりますので，作成する書類や議会承認の手続きなどについて独特の作業がありますが，すでに800件を超える前例があり，内閣府や国土交通省が作成した事業契約のひな形や様式集などを活用すれば，効率よく作業が進められます。

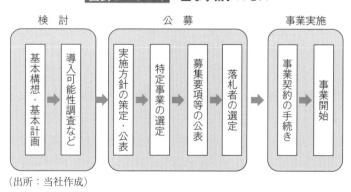

図表1-1-4　主な事業プロセス

（出所：当社作成）

5）PFIの実施状況

　PFI手法の対象は，国や地方自治体などが所有する公共施設等について幅広い施設が含まれます（PFI法第2条）。2019年度までに実施方針が公表された案件について，対象施設，発注者別の件数をまとめると**図表1－1－5**になります。

　国の発注する案件は庁舎・宿舎などの件数が多くなっていますが，地方自治体の場合には，教育・文化，まちづくり，健康・環境などの分野が多くなっています。発注者で「その他」となっているものの多くは国立大学法人で，研究施設や学生寮などの学校施設の案件が中心です。

図表1－1－5　PFIの実施状況（発注者別件数，2020年3月末時点）

公共施設等の分野	発注者			合計
	国	自治体	その他	
教育・文化（学校施設，体育館，市民会館等）	3	231	42	276
まちづくり（駐車場，公園，下水道，道路等）	21	174	2	197
健康・環境（病院，産廃処理施設，斎場等）	0	120	3	123
庁舎・宿舎（事務庁舎，公務員宿舎等）	47	20	6	73
安心・安全（警察・消防，刑務所等）	8	18	0	26
福祉（高齢者福祉施設，障がい者福祉施設）	0	25	0	25
産業（観光施設，研究施設等）	0	21	0	21
その他	7	68	2	77
合計	86	677	55	818

（出所：内閣府資料より当社作成）

②　PFI手法のさまざまな事業方式

　PFI手法では，個別案件の事情や発注者の目的に応じて，多様な事業方式を柔軟に使い分け，官民双方の創意工夫と協働により，質の高い公共施設等の整備，維持管理・運営を行うことができます。

1）事業費（施設整備費および維持管理・運営費）の回収方法による分類

　公共施設の整備（大規模改修も含む）と完成後の維持管理・運営に要するコストを賄う財源をどこに求めるかという点から整理したものが**図表1－1－6**に示した事業類型です。サービス購入型は，施設利用者からの利用料金収入がなく，施設整備および維持管理・運営に必要な費用の全額が公共からのサービ

ス購入料でまかなわれるタイプです。一方，独立採算型は，事業に必要な費用のすべてを利用者からの利用料収入や民間事業者の付帯事業収入でまかなうことができるタイプで，公共からのサービス購入料は支払われません。混合型は，サービス購入型と独立採算型の特徴を兼ね備えたもので，サービス購入料と利用料収入等を合わせて事業を行います。

図表１－１－６　事業費の回収方法による分類

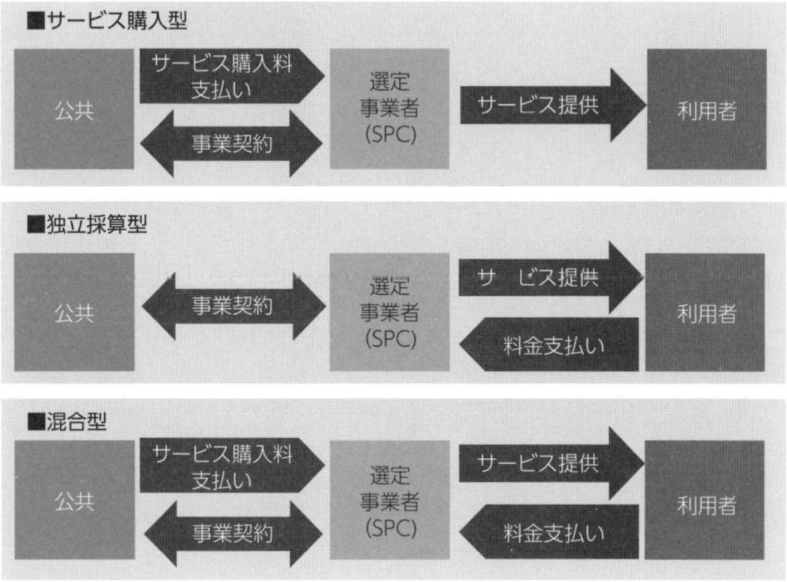

（出所：当社作成）

2）施設所有形態による分類

　建設期間中と完成後の施設の所有関係によってPFI手法を分類すれば，**図表１－１－７**のとおりとなります。B＝Build（建設），T＝Transfer（所有権の移転），O＝Operate（運営），O＝Own（所有），R＝Rehabilitate（改修）のアルファベットの頭文字をつなげて，BTO方式やBOT方式などと呼ばれます。建物の建設を伴う事業では，固定資産税などの不動産にかかる税負担を避けるため過去のほとんどの事業がBTO方式で実施されています。また，大規模改修を行う際にPFI手法を活用する案件が増えており，RO方式と呼ばれています。

図表1－1－7　施設所有形態による分類

事業方式	建　設	施設所有	備考
BTO	民間	公共（完成時に所有権移転）	建物を含む一般的な方式
BOT	民間	民間（事業終了時に公共に所有権移転）	機械設備等を対象とする場合
BOO	民間	民間	
BT	民間	公共（完成時に所有権移転）	公営住宅で多い方式
RO	民間（改修）	公共（公共所有の既存施設）	大規模改修時の方式
コンセッション	－	公共	公共施設等運営権を設定

（出所：当社作成）

(2)　公共施設等運営権方式（コンセッション方式）

　公共施設等運営権方式（コンセッション方式）とは，利用料金の徴収を行う公共施設について，施設の所有権を公共主体が有したまま，施設の運営権を民間事業者に設定する方式で，2011年のPFI法改正により導入されました。コンセッション方式の基本的な仕組みは，**図表1－1－8**のとおりです。国や地方自治体などの公共施設等の管理者は，所有権を保持したまま，施設を運営する権利（公共施設等運営権）を民間事業者に対して設定し，民間事業者は，数年から数十年間の長期にわたって事業を運営します。

図表1－1－8　コンセッション方式の仕組み

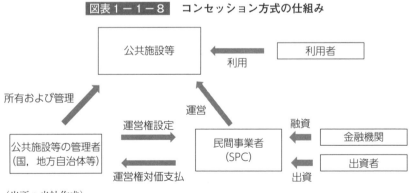

（出所：当社作成）

　民間事業者から公共への運営権対価の支払方法として，従来の案件では，全額一括払いのケース，全額分割払いのケース，一括と分割を組み合わせたケースがあります。内閣府が定めたガイドラインでは，分割払いも可能ですが，ファイナンスリスクを民間側で負う仕組みの導入を推進する観点から，一括払いを検討すべきであるとされています。

(3)　DB・DBO方式

　PFI手法に類似する手法として，DB・DBO方式があげられます。DB方式は民間事業者に公共施設等の設計・建設のみを一括発注する方式で，DBO方式は設計・建設に加え，維持管理・運営等も一括発注する方式であり，DB・DBO方式のどちらの手法でも，施設整備資金の調達は公共が行います。公民連携手法別の業務範囲を比較すると**図表１－１－９**のとおりです。

　図表１－１－９のとおり，PFI手法とDBO方式の大きな違いは，資金調達にありますが，他にも民間と公共の間の契約において，PFI手法の場合は，設計・建設および維持管理・運営の業務について，１つの事業契約を締結する一方で，DBO方式の場合は設計・建設業務と維持管理・運営業務それぞれの契約を締結します。また，施設整備費について，PFI手法では公共から民間事業者へ事業期間を通して，分割して支払われることが一般的ですが，DBO方式では施設の竣工までに支払われることが一般的です。

図表１－１－９　公民連携手法別の業務範囲

業務範囲	従来手法	公設民営	DB方式	DBO方式	PFI手法	コンセッション方式
設　計	公　共	公　共	民　間	民　間	民　間	－
建　設	公　共	公　共	民　間	民　間	民　間	－
維持管理	公　共	民　間	公　共	民　間	民　間	民　間
運　営	公　共	民　間	公　共	民　間	民　間	民　間
資金調達	公　共	公　共	公　共	公　共	民　間	民　間
D＝Design（設計），B＝Build（建設），O＝Operate（運営）						

（出所：当社作成）

⑷　Park-PFI（公募設置管理制度）

　Park-PFI（以下，「P-PFI」という）は，都市公園に民間の優良な投資を誘導し，公園管理者の財政負担を軽減しつつ，都市公園の質の向上，公園利用者の利便の向上を図ることを目的とし，2017年に都市公園法が改正されてできた制度です。法改正前より，民間事業者などが，飲食店等の施設を設置・管理する設置管理許可制度がありましたが，設置を許可する期間が短いことや，公園施設の建ぺい率が限定されていることなどが，民間事業者にとって参入の障壁になっていました。P-PFIにより，公共・民間ともに制度の使い勝手が向上し，P-PFIの活用が全国的に広がっています。なお，公民連携の事例については，主に，第2章第16節にて紹介します。

①　P-PFIとは

　飲食店・売店等の公園利用者の利便向上に資する「公募対象公園施設」の設置と，当該施設から生ずる収益を活用してその周辺の園路，広場等の一般の公園利用者が利用できる「特定公園施設」の整備，改修等を一体的に行う者を公募により選定する制度です。PFI手法と同じ「PFI」という用語が使用されていますが，P-PFIは都市公園法に基づく公民連携手法であり，PFI法に基づくPFI手法とはまったく別の手法です。

図表1－1－10　P-PFIを活用した公園整備イメージ

（出所：国土交通省資料）

②　P-PFI適用による特別措置

　P-PFIでは，民間事業者が設置する公募対象公園施設から得られる収益の一部を特定公園施設の整備に還元することを条件に，下記の都市公園法の特別措置がインセンティブとして適用されます。

1）設置管理許可期間の延長（10年→20年）

　10年の設置管理許可期間（都市公園法第5条）は，事業者が施設を設置し投資を回収するという観点からは短い場合が多く，民間が参入しづらい，簡易な施設しか設置できない等の課題がありました。上限20年の範囲内で設置管理許可を受けることが可能となり，民間の参入や優良投資の促進が期待されます。

2）建ぺい率の緩和（2%→上限12%）

　都市公園におけるオープンスペース確保のため，公園施設の建ぺい率は2%が原則ですが（都市公園法第4条），公募対象公園施設および休養施設等については，基本的には，両施設合わせて10%を限度として，条例で定める範囲内で建ぺい率を上乗せすることが可能となりました（同法施行令第6条第2項，第6項）。

3）占用物件の特例（利便増進施設の設置）

　都市公園を占用できる物件は，都市公園法第7条および同法施行令第12条で限定的に規定されていますが，P-PFIでは，自転車駐車場・看板・広告塔を「利便増進施設」として設置することが可能となりました。

③　国による支援制度

　上記の特別措置に加え，民間ノウハウの活用による効率的な公園施設の整備を推進する観点から，下記のような国による支援制度が用意されています。

1）官民連携型賑わい拠点創出事業

　公募・選定された民間事業者が行う特定公園施設の整備費に対し，地方自治体の負担金額の1/2を社会資本整備総合交付金により国が支援する制度です。

図表1-1-11 官民連携型賑わい拠点創出事業の事業要件

交付対象	地方自治体
面積要件	0.25ha以上の都市公園
国費対象基礎額	民間事業者が行う特定公園施設の整備費に対し，自治体負担額の1/2
事業費要件	公募対象公園施設からの収益還元により，特定公園施設の整備費用が1割以上削減されること

（出所：国土交通省資料より当社作成）

2）賑わい増進事業資金

　認定計画提出者（注）が行う公園施設の整備に要する資金の貸付けを行う地方自治体に対し，国が，都市開発資金により低利で貸付を行う制度です。

（注）認定計画提出者
　国または地方自治体といった公園管理者が認定した公募設置等計画（都市公園法第5条の3に基づき，P-PFIに応募する事業者が公園管理者に提出する計画）を提出した者

図表1-1-12 賑わい増進事業資金の貸付要件

貸付対象者	(地方自治体を経由して)民間事業者（認定計画提出者）
貸付対象	認定計画提出者が設置する公園施設の整備費用
貸付割合	公園施設（公募対象公園施設＋特定公園施設）整備費の合計の1/2以内
利子	有利子
償還期間	・10年以内（4年以内の元金返済据置期間を含む） ・均等半年賦償還

（出所：国土交通省資料より当社作成）

(5) 指定管理者制度

　地方自治体が設置・管理し，住民が利用する「公の施設」の運営については，地方自治体の直営のほか，指定管理者制度が広く用いられています。「公の施設」の管理運営主体については，公共性の確保の点から，地方自治法により公

共的団体等に限定されていましたが（管理委託制度），地方自治法の一部を改正する法律が2003年9月に施行され，民間事業者等にも「公の施設」の管理運営を委ねることを可能とした指定管理者制度が設けられました。現在，7万6千以上の施設で指定管理者制度が導入され，スポーツ施設，レクリエーション施設，文教施設，基盤施設，産業振興施設，社会福祉施設などの分野で幅広く活用されおり，公共施設等の維持管理・運営における公民連携の中心的な手法となっています。

①　公の施設とは

　指定管理者制度の対象となる公の施設とは，地方自治体が設置・管理する施設のうち，「住民の福祉を増進する目的をもってその利用に供するための施設」（地方自治法第244条第1項）です。公の施設の主な例は，下表のとおりで，住民が利用する幅広い施設が対象となっています。

図表1－1－13　公の施設の例

区　分	施　設　の　例
レクリエーション・スポーツ施設	体育館，球技場，プール，宿泊施設，キャンプ場，海水浴場など
産業振興施設	産業情報提供施設，展示場，開放型研究施設など
基盤施設	公園，公営住宅，駐車場，水道施設，下水処理場，港湾施設，霊園，斎場など
文教施設	図書館，博物館，美術館，公民館，市民会館，研修施設など
社会福祉施設	病院，老人ホーム，介護施設，児童館，保育園，福祉・保健センターなど

（出所：総務省資料より当社作成）

　試験研究機関や庁舎のように住民の利用に供しない施設や，競輪場，競馬場など地方自治体の収益事業のための施設などは，公の施設には含まれません。また，学校，道路，河川などの個別の法律によってその管理者が定められているものは，指定管理者制度の対象外となるか，指定管理の業務が限定されます。

（参考）地方自治法（昭和22年法律第67号）
（公の施設）
第244条　普通地方公共団体は，住民の福祉を増進する目的をもつてその利用に供する
　ための施設（これを公の施設という。）を設けるものとする。
2　普通地方公共団体（次条第3項に規定する指定管理者を含む。次項において同じ。）
　は，正当な理由がない限り，住民が公の施設を利用することを拒んではならない。
3　普通地方公共団体は，住民が公の施設を利用することについて，不当な差別的取扱
　いをしてはならない。

② 指定管理者制度の概要

1）制度創設の経緯

　公の施設は，多数の住民に対して公平に利用の機会を提供する必要があり，また，適切に施設を管理運営するために，公共団体，公共的団体，政令で定める出資法人に委託先が限定されていました。一方で，民間でも十分なサービス提供能力が認められる主体が増加してきたことや，利用者のニーズに迅速に対応するためには民間のノウハウ活用が有効であることから，2003年の地方自治法改正で管理の受託主体の法律上の制限が取り払われ，公の施設の管理は，個別法の規定の範囲で，地方自治体の判断により「法人その他の団体」に委ねることが可能となりました。「法人その他の団体」には，株式会社などの法人格に関係なく，民間企業から市民団体等までが含まれます。

　制度創設から20年近くが経過し，現在では全国の自治体で7万6千以上の公の施設について指定管理者制度が導入されており，施設の管理・運営業務において中心的な役割を果たしています。民間のノウハウを活用することで，住民へのサービス向上，管理運営のコストダウンが実現しただけでなく，公の施設の管理運営に市場メカニズムを導入することにより，営利企業やNPO法人等の新規参入を促すだけでなく，これらの施設の管理運営を担ってきた外郭団体の改革をも促すことになったといわれています。

（参考）地方自治法（昭和22年法律第67号）

（公の施設の設置，管理及び廃止）

第244条の2　普通地方公共団体は，法律又はこれに基づく政令に特別の定めがあるものを除くほか，公の施設の設置及びその管理に関する事項は，条例でこれを定めなければならない。

2　普通地方公共団体は，条例で定める重要な公の施設のうち条例で定める特に重要なものについて，これを廃止し，又は条例で定める長期かつ独占的な利用をさせようとするときは，議会において出席議員の3分の2以上の者の同意を得なければならない。

3　普通地方公共団体は，公の施設の設置の目的を効果的に達成するため必要があると認めるときは，条例の定めるところにより，法人その他の団体であつて当該普通地方公共団体が指定するもの（以下本条及び第244条の4において「指定管理者」という。）に，当該公の施設の管理を行わせることができる。

4　前項の条例には，指定管理者の指定の手続，指定管理者が行う管理の基準及び業務の範囲その他必要な事項を定めるものとする。

5　指定管理者の指定は，期間を定めて行うものとする。

6　普通地方公共団体は，指定管理者の指定をしようとするときは，あらかじめ，当該普通地方公共団体の議会の議決を経なければならない。

7　指定管理者は，毎年度終了後，その管理する公の施設の管理の業務に関し事業報告書を作成し，当該公の施設を設置する普通地方公共団体に提出しなければならない。

8　普通地方公共団体は，適当と認めるときは，指定管理者にその管理する公の施設の利用に係る料金（次項において「利用料金」という。）を当該指定管理者の収入として収受させることができる。

9　前項の場合における利用料金は，公益上必要があると認める場合を除くほか，条例の定めるところにより，指定管理者が定めるものとする。この場合において，指定管理者は，あらかじめ当該利用料金について当該普通地方公共団体の承認を受けなければならない。

10　普通地方公共団体の長又は委員会は，指定管理者の管理する公の施設の管理の適正を期するため，指定管理者に対して，当該管理の業務又は経理の状況に関し報告を求め，実地について調査し，又は必要な指示をすることができる。

11　普通地方公共団体は，指定管理者が前項の指示に従わないときその他当該指定管理者による管理を継続することが適当でないと認めるときは，その指定を取り消し，又は期間を定めて管理の業務の全部又は一部の停止を命ずることができる。

2）指定管理者制度の目的

　指定管理者制度は，多様化する住民ニーズに効果的，効率的に対応するため，公の施設の管理に民間の能力を活用して住民サービス向上を図るとともに，経費の節減等を図ることを目的とするものです。

　目的①：民間事業者のノウハウなどを活用した住民サービスの向上

　目的②：施設管理における費用対効果の向上

　目的③：管理主体の選定手続の透明化（公募による競争など）

3）指定管理者制度導入の手続

ⅰ）条例の制定

　公の施設に指定管理者制度を導入する場合，地方自治体は条例を制定し，以下の事項を定める必要があります。

- 指定の手続（申請，選定，事業計画の提出等）
- 管理の基準（休館日，開館時間，使用制限の要件）
- 業務の具体的範囲（施設・設備の維持管理，使用許可）

ⅱ）指定の方法

　条例に従い，指定の期間等を定め，公募等の選定の手続の後，議会の議決を経て指定管理者を指定します。

　公の施設についてPFI法にもとづくPFI事業を行う場合，維持管理・運営を行う主体をPFI事業者と同一にすることが一般的ですが，その場合，PFI事業の手続に加え指定管理者指定の手続も必要となります。

ⅲ）利用料金制

　指定管理者は，公の施設の利用に係る料金を自らの収入として収受することができます。指定管理者が利用料金を定める際には，地方自治体の承認を得なければなりません。

ⅳ）事業報告書の提出

　指定管理者に指定された団体は，毎年度終了後，地方自治体に対して事業報

告書を提出します。地方自治体は，事業報告書により，管理業務の実施状況や利用状況，管理経費等の収支状況などの管理の実態を把握します。

ⅴ）地方自治体の長による指示，指定の取消し，業務の停止命令

　地方自治体の長は，指定管理者に対し必要な指示を行うことができます。指定管理者が指示に従わない場合等，指定の継続が不適当な場合には，地方自治体は指定を取消し，または管理業務の全部または一部の停止を命令できます。

　総務省の調査「公の施設の指定管理者制度の導入状況等に関する調査結果」（2019年5月）によると，2015年4月から2018年3月までの3年間に，指定取消等の事例は683件ありましたが，施設の見直し（休止・廃止，再編，譲渡など）によるものが全体の62.1％を占めており，指定管理者の業務不履行（4件，0.6％），指定管理者の不正行為（9件，1.3％），費用対効果・サービス水準検証の結果（13件，1.9％）など指定管理者側に明らかに責任がある事例はわずかです。一方で，指定管理者が経営困難等の理由で撤退（指定返上）した事例が95件（13.9％）あったことには留意が必要です。

③　指定管理者制度の導入状況

　次の**図表1－1－14**のとおり，2018年4月現在，76,268の公の施設において指定管理者制度が導入されています。制度創設から20年近くが経過し全国の地方自治体において制度がすでに広く普及していることもあり，導入施設数は，3年前に比べ，520施設減少し，総数は微減となっています。民間企業等（株式会社，NPO法人，学校法人，医療法人等）が指定管理者に指定されている施設の割合は，40％となり，3年前に比べ，2.5ポイント増加しています。

図表1－1－14　導入施設数と民間企業等が指定されている割合（2018年4月）

区　分	導入施設数	うち民間企業等が指定されている施設	民間企業等の割合
都道府県	6,847	2,617	37.7%
政令指定都市	8,057	3,734	46.1%
市区町村	61,364	24,451	39.5%
合計	76,268	30,802	40.0%

（出所：総務省「公の施設の指定管理者制度の導入状況等に関する調査結果」より当社作成）

　また，施設の分野別の導入数は，**図表1－1－15**のとおりで，文教施設，レクリエーション・スポーツ施設，社会福祉施設など地方自治体が設置する幅広い施設で制度が活用されています。

図表1－1－15　施設別の導入数（2018年4月）

区　分	導入施設数	施　設　の　例
レクリエーション，スポーツ施設	14,963	体育館，球技場，プール，宿泊施設，キャンプ場，海水浴場など
産業振興施設	6,474	情報提供施設，展示場，開放型研究施設など
基盤施設	26,212	公園，公営住宅，駐車場，水道施設，下水処理場，港湾施設，霊園，斎場など
文教施設	15,428	図書館，博物館，美術館，公民館，市民会館，研修施設など
社会福祉施設	13,191	病院，老人ホーム，介護施設，児童館，保育園など
合　計	76,268	

（出所：総務省「公の施設の指定管理者制度の導入状況等に関する調査結果」より当社作成）

　指定管理の期間は，5年間が全体の71.5%を占め，次いで3年間が15.0%となっています。3年前の前回調査においても指定管理制度を導入していた施設については，75.4%が今回も前回と同じ期間としていますが，20.7%の施設については，前回よりも長い期間を設定しています。個別施設の状況，住民のニーズ，地方自治体の事情などを考慮して適切な期間を設定することが必要ですが，指定管理者にインセンティブを与え創意工夫を引き出すためには，5年程度の期間が必要であると考えられるようになってきています。

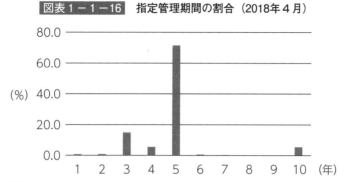

図表 1 − 1 − 16 指定管理期間の割合（2018年4月）

（注）10年には10年超を含む。
（出所：総務省「公の施設の指定管理者制度の導入状況等に関する調査結果」より当社作成）

④ 指定管理者制度の評価と制度運用の改善

　指定管理者制度は，制度創設以来，幅広い分野の数多くの公の施設で活用され，住民など利用者へのサービス水準の向上やコストパフォーマンスの向上に大きな効果を発揮してきましたが，一方でいくつかの課題も浮き彫りとなり，その解決のために制度運用の改善が続けられています。

　指定管理者を選定する際，公募等の方法により公平で透明性のある選考手続が必要ですが，従来の選定においては価格競争の面が強くなった事例もありました。「公共サービスの水準の確保という要請を果たす最も適切なサービスの提供者」（総務省通達）を選ぶという観点から，価格と提案内容の双方をバランスよく評価する仕組みを検討していくことが求められています。また，事業者の公募を行う際には，公募条件に配慮するとともに，広く周知を行うことによって，複数の応募者を確保し競争原理を働かせることが求められます。指定管理者制度の導入後，当初予定の期間が終了し次の指定管理者を選定する際には，既存の指定管理者が継続して選定される事例が多くなっていますが，サービスの継続性に配慮しながらも，既存の指定管理者のパフォーマンスを適切に評価するとともに，新規参入の機会も確保することが求められます。

　施設の管理運営については，地方自治体と指定管理者の間のリスク分担を明確にするとともに，安全管理の徹底や保険の活用など，利用者や周辺住民への

配慮を十分に行うことが求められます。また，指定管理者にとってのサービス向上へのインセンティブを確保するためには，利用料金収入をみずからの収入として収受する仕組みや，収入が想定よりも増加した場合のプロフィットシェアの仕組み（地方自治体と指定管理者の間での配分）などの活用が有効です。

　指定管理者の職員の労働環境や処遇については，発注者である地方自治体としても配慮が必要です。モニタリングの項目の中で，職員の労働環境が適切に管理されているかチェックする必要があります。また，指定管理者が交代する場合などには，職員の経験を活かす意味でも，後継の指定管理者による職員の雇用確保などについて配慮が求められます。

(6)　包括的民間委託

①　包括的民間委託とは

　公共施設の保守・点検などの業務については，公共の部署，対象施設，業務内容ごとに，単年度の契約によって民間事業者に業務を委託することが一般的です。民間委託には，民間事業者のノウハウ等の活用が効果的な業務を，個別に委託する「個別委託」や，複数の施設・業務を対象に，一括して委託する「包括委託」があり，特に，発注に関する事務手続の効率化，委託範囲の拡大に伴うコスト削減や業務水準向上が期待できる包括委託の活用が広がっています。

　指定管理者制度やPFIなどの手法とは異なり，包括委託を直接的に規定する法制度は存在しませんが，これに類似する手法として，「包括的民間委託」および「第三者委託」（第14節(2)を参照）があります。

　包括的民間委託とは，「性能発注の考え方に基づく民間委託のためのガイドライン」（国土交通省）（以下，「ガイドライン」という）において示された「性能発注の考え方に基づく民間委託」のことです。受託した民間事業者が創意工夫やノウハウ活用により効率的・効果的に運営できるよう，複数の業務や施設を包括的に委託するもので，民間事業者の創意工夫を引き出すため，複数年契約，性能発注方式（受託者に対して一定の性能確保を条件として課しつつ，運営方法の詳細は受託者の自由裁量に任せる発注方式）にすることが一般的です。

　水道法により規定される第三者委託の対象施設は水道施設に限定されるのに

対して，包括的民間委託は，非常に幅広い分野の公共施設を対象にして活用されています。以下では，包括的民間委託の主な対象施設と業務範囲，その導入効果と留意点について説明していきます。

②　主な対象施設と業務範囲（性能発注レベル）

　包括的民間委託は，ガイドラインにおいては下水道施設を対象として検討されていますが，「公共施設管理における包括的民間委託の導入事例集」（国土交通省）で示されているとおり，現在では，下水道分野だけでなく，道路，河川，公園，空港および港湾など幅広い分野の公共施設を対象にして活用されており，学校，庁舎，公民館などの公共施設まで対象施設が拡大しています。

　包括的民間委託の活用が最も進んでいる分野の1つとして，下水道分野があげられます。ガイドラインにおいては，下水処理場等における包括的民間委託の業務範囲（性能発注レベル）が**図表1-1-17**のように整理されています。

図表1-1-17　**業務範囲（性能発注レベル）とコスト縮減イメージ**

費用	レベル1 運転管理の性能発注	レベル2 運転管理とユーティリティー管理を併せた性能発注	レベル3 補修と併せた性能発注
公共人件費	処理場にいた公共人件費の縮減	ユーティリティーの調達を行っていた公共人件費の縮減	補修の発注，管理を行っていた公共人件費の縮減
直接経費（ユーティリティー費）	現状と同レベル	**運転管理＋ユーティリティー管理の一体発注** 民間の創意工夫（調達の柔軟化，大口購入による単価引下げ，品質の適正化，節約等）によるコスト縮減	**運転管理＋ユーティリティー管理＋補修の一体発注** 民間による補修の必要性の見極め，保守点検との一体的な実施等による効率化
運転管理委託費	**民間の創意工夫による効率化**		
補修費	現状と同レベル	同左	

（出所：国土交通省「性能発注の考え方に基づく民間委託のためのガイドライン」より当社作成）

　下水道・水道分野では，地方自治体によっては，将来，コンセッション方式の導入を検討する前段階として，包括的民間委託で公民連携の経験を積もうと考えている地方自治体もあります。

　上記の下水処理場の例では，単一の事業分野の中の複数の業務を一体的に発注するものですが，まったく異なる複数の分野にまたがる包括的民間委託の例も増えてきています。例えば，地方自治体内の公共施設（建物）の維持管理を行う場合，ある地区の巡回を行う場合にその地区にある他の分野の施設もあわせて点検，メンテナンスを行うことで大幅に業務効率がアップします。

　茨城県常総市は，従来，市庁舎や分庁舎については市の資産管理課，学校施設については学校教育課，公民館（地域交流センター）については生涯学習課というように，各施設の所管課が個別に発注，契約を行ってきました。発注や契約という共通性のある業務を別々の課がそれぞれに行っていたため，市役所の事務が煩雑になって効率化もむずかしくなっていました。

　その課題の解決策として，常総市は，市役所の課ごと，施設ごとに発注していた保守・点検に関する業務（常総市が所有する46施設を維持管理するための151の業務）を，包括的に束ねて発注することで，施設の安全性確保や保守管理水準の標準化，業務の効率化などをめざし，2016年度から検討をすすめ，2020年度4月から2025年3月までの間，民間事業者による管理業務を実施しています。

　2020年度から開始された「公共施設包括管理業務委託」においては，資産管理課が各施設を所管する課の要望をとりまとめて保守点検の業務をまとめて発注することとなり，公募によって選定された民間事業者（包括施設管理受託事業者）が対象施設全体に責任を持ち，個別の業務を地元の専門業者などに再委託すること等により業務を進めています。民間事業者は，定期巡回の際に軽微な不具合についてはその場で対応するとともに，施設データを収集してカルテを作成し，市に対して施設保全計画の提案を行うこととなっています。

③　導入の効果と留意点

　地方自治体において，公共施設の維持管理に関する発注形態の見直しが進んでいる背景（自治体が抱える課題）とその対応策としての包括的民間委託導入の主な目的を整理すると**図表1－1－18**のとおりとなります。

　新潟県三条市の公共施設包括的民間委託検討会が2016年3月に発表した提言では，施設の老朽化，対策の先送り，市内の建設業者と就業者の減少などを背景に，「このままでは，地域を守る地元建設業者は衰退の一途をたどることで，市内の社会インフラが健全な状態で維持することができなくなり，施設の機能不全による各種経済活動への影響が生じてしまうおそれがあります」と強い危機感が訴えられています。

図表1－1－18　地方自治体が抱える課題と包括的民間委託導入の目的

地方自治体が抱える課題	導入の目的
インフラ等の老朽化に伴う維持管理費用の増加 ・補修費用の増加 ・対症療法的な維持管理の限界	維持管理費用の適正化 ・民間の技術や創意工夫による業務効率化とコスト管理 ・早期の対応，民間ノウハウによる予防的な保全策の実施
自治体職員の負担の増加 ・施設老朽化に伴う作業の増加 ・自治体の技術系職員の高齢化，減少	自治体職員の本来業務への集中 ・直接業務や巡回業務を民間へ ・自治体と民間の連携による管理体制の強化
住民の安全確保への課題 ・事故などのリスクの増加 ・住民からの要望の増加	危険個所等の早期発見，早期対応 ・保守管理水準の向上・標準化 ・住民対応，住民説明の充実
業務の担い手の減少 ・地元企業の減少，就業者数の減少 ・機械，技術等の導入が困難に	地元企業の維持，技術の継承，育成 ・長期契約による業務の安定 ・規模拡大による収益性の向上 ・民間の創意工夫等の活用

（出所：各地方自治体資料等より当社作成）

　包括的民間委託の取組みは，いまだ普及途上にありますが，各地方自治体では，導入に際しての留意点も検討され始めています。事業スキームの検討にあたっては，事業範囲（対象分野，対象施設，業務内容）の設定，官民の役割分担およびリスク分担，性能発注の水準と民間事業者の裁量の範囲，契約年数，モニタリングと契約変更（解除を含む）などの論点について，先行する地方自治体の事例，住民や地元事業者の要望などを聞きつつ検討を進めることが大切です。事業開始後は，適切なモニタリングを実施して効果を検証するとともに，官民双方からの改善点を洗い出し，次の期の委託内容の検討について継続的に検討を続けていくことが求められます。

(7)　施設利用権

　建物やスタジアムなどの公共施設を整備する場合，地方自治体などの公共が施設を所有する場合には，施設の取得や所有にかかる課税（不動産取得税，固定資産税および都市計画税）はありませんが，第三セクターを含む民間の事業主体が施設を所有する場合，施設完成後に課される税負担が経営上の大きな負担となります。この負担を回避するため，第三セクターなどが施設を建設後，公共側にその施設の所有権を移転し，一方で一定期間その施設の専用利用権を得る事業手法があり，東京スタジアム（味の素スタジアム）などのプロジェクトで活用されてきました。PFI手法（BTO方式）やコンセッション方式の原点ともいえる手法です。

　また，民間企業や個人からの寄附等によって整備費を調達し，完成後に地方自治体など公共側に施設を寄附（負担付寄附（注））し，運営主体が利用権を得る手法も活用されてきました（寄附を行うのみで利用権を得ない案件もあります）。第2章第9節で紹介する三鷹の森ジブリ美術館は，負担付寄附により市立美術館として整備された事例です。

　本項では，これらの事業手法のうち，長い歴史を持つ横浜スタジアム，東京スタジアム（味の素スタジアム），横浜アリーナの事例を整理します。

（注）負担付寄附

「負担付寄附または贈与」とは，寄附または贈与の契約条件に基いて地方自治体が法的な義務を負い，その義務不履行の場合には，寄附または贈与の効果に何らかの影響を与えるようなものをいいます。地方自治体が契約上の義務を負うものであるため，地方自治法第96条第1項において，寄附を受けるためには議会の議決が必要であるとされています。例えば，野球場を設置することを条件として，土地の寄附を受ける場合はこれにあたります。ただし，負担付寄附は，反対給付的な意味において，地方自治体の負担を伴う一定の条件が付されるものに限られ，単に用途を指定するような寄附は該当しません。

①　横浜スタジアム

プロ野球チームの横浜DeNAベイスターズの本拠地である横浜スタジアムは，建設時および再整備時に負担付寄附の手法が使われ，民間事業者である㈱横浜スタジアムによって運営されています。PFIもコンセッションもない時代にそれらと同様の手法が用いられた先進的な公民連携の事例です。

1977年2月，横浜市民から募った出資金（オーナーズシートを割当て）で事業主体となる㈱横浜スタジアム（以下，「球場会社」という）が設立されました。横浜市，建設会社，テレビ局，球団親会社などによる増資と金融機関からの借入で，球場会社は，横浜市関内駅前の国有地（横浜公園）にスタジアムを建設（1978年4月開業）するとともに，施設を横浜市に寄附し，その対価として施設利用権を取得し，プロ野球を主とした球場経営を行ってきました。横浜市は，球場会社に対して興行権を許可するとともに，維持管理業務を委託しています（通常の維持管理・修繕費は球場会社が負担）。

しかし，開業後約40年が経過し，施設の老朽化が目立つようになり，観客数の増加に対応して魅力ある球場とするため，再整備事業（2017年11月～2020年2月）が行われることとなりました。6,000席の客席増を主とする増築工事の事業費（約85億円）は球場会社が負担し，増築部分についても横浜市に負担付寄附を行いました。球場会社は寄附の対価として，以降40年の施設利用権を取得しています。球団や球場会社の経営努力もあり，球場来場者は2011年から2019年にかけてほぼ倍増し，2019年には約300万人が訪れる施設となっています。

②　東京スタジアム（味の素スタジアム）

　FC東京と東京ヴェルディの本拠地として有名な東京スタジアム（味の素スタジアム）は，東京都の第三セクターである㈱東京スタジアム（東京都出資比率36.3%）が，東京都調布市において建設を行い，施設を東京都に譲渡するとともに45年の施設利用権を得て，スタジアムと周辺の関連施設（アミノバイタルフィールド等）の運営を行っているスポーツ施設です。2001年3月に東京スタジアムとして開業後，2003年3月よりネーミングライツ（命名権）の売却により味の素スタジアムに名称変更されました。

　東京都はスタジアム建設にあたり様々な事業手法を検討しましたが（検討時点はPFI法成立前），民間の資金，経営のノウハウを活かし，独立採算による健全なスタジアム経営を維持することを目的として，東京都直営ではなく第三セクターを設立し事業主体としました。一方で，固定資産税等の税負担が収支採算を圧迫することを避けるため，施設完成後は所有権を東京都に移転し，第三セクターは対価として施設利用権を取得しました。

　なお，スタジアム開業後に㈱東京スタジアムが整備した商業施設及びスポーツ施設については，都に寄附した上で同社が無償貸与を受け，運営を実施しています。

③　横浜アリーナ

　横浜市は，東海道新幹線の停車駅である新横浜駅の駅前地区を「第二都心」と位置づけて開発整備を進めてきました。1989年に横浜市政100周年，横浜開港130周年となることを期に，記念事業の一環として横浜アリーナが建設されました。

　事業スキームは，前述の横浜スタジアムと同様に負担付寄附と施設利用権を活用する方式です。西武鉄道㈱，キリンホールディングス㈱および横浜市等が出資して事業会社となる㈱横浜アリーナを設立し，同社が出資金と借入金によりアリーナ整備費160億円を負担しました。完工時に建物を横浜市に寄附するとともに45年間の施設利用権を取得しています。

　コンサート需要の高い1万人規模（最大収容人数1.7万人）の施設であること，新横浜駅から徒歩4～5分の好立地であること，運営会社である㈱横浜アリー

ナが大規模修繕費を負担し機能・サービスを向上させていること等の理由で，極めて高い稼働率を維持しています（2017年度から2019年度の稼働率は，いずれも92％前後）。

図表1−1−19　横浜アリーナ内部

（出所：㈱横浜アリーナHP）

⑻　公設民営，上下分離など

　公共施設や公共インフラは，その整備に多くのコストがかかります。民間事業として実施する場合には，減価償却費，金利，税金（不動産取得税，固定資産税，都市計画税など）の資本コストの負担が大きく，採算をとることができる事業は限られます。そのため，施設整備に関する国や自治体の財政負担（補助金，PFI事業のサービス購入料など）に加え，単年度の収支差についても，必要に応じて財政的な支援が行われています。

　また，個別の公共施設ごとに，公共と民間のあるべき役割分担にしたがって，事業スキームや資金負担を検討していくことも必要です。従来は，公共が施設整備，維持管理，運営，資金調達のすべてを行っていた施設についても，その一部について民間の力を借りることで，サービス水準の向上や財政負担の軽減・平準化をはかることができます。一方，民間事業として行ってきた公共

性・公益性の高い事業についても，公共が必要に応じて支援をすることで事業の拡充・維持を図る取組みも広がっています。

　PFI手法や指定管理者制度などの手法が普及する以前から，上記のような考え方のもとで，さまざまな公民連携の事業手法が導入されてきました。そのうち，代表的なものが公設民営・上下分離の考え方です。

　公設民営は，公共が資金負担をして施設の設計・建設を行い，運営を民間に委ねる事業手法で，指定管理者制度や運営業務のみのPFI手法（O（Operate）方式）などは公設民営に含まれます。施設のすべてを公共が整備する方式が一般的ですが，第2章第13節で紹介する幕張メッセやパシフィコ横浜のように，施設整備の一部を民間（第三セクター）が行うことで公設民営と民設民営を組み合わせた事例もみられます。

　上下分離の考え方は，鉄道建設や路線維持のために導入されているもので，鉄道事業法では，運送事業の実施と線路の所有の観点から，鉄道事業を第一種から第三種に整理しています。線路など必要な設備を所有した上で運送事業を行う第一種鉄道事業が一般的ですが，線路を建設・所有する役割の第三種鉄道事業，他社の線路を使用して運送事業を行う第二種鉄道事業の手法も，新線建設などの際に用いられています。詳しくは，第2章第20節をご参照ください。

第2節　事業主体の選択

　公民連携による公共施設等の整備・運営の事業手法を検討する際に，発注する公共側および受注する民間側の事業主体の選択も，事業の効果を高めるために大切な要素の1つです。本節では，まず公共側について広域連携の仕組みの中から一部事務組合と協議会方式をとりあげます。次に，民間側の事業主体について整理をします。

(1)　公共側（発注者）の事業主体

　公共施設等の設置者，管理者は，通常は，国，地方自治体，独立行政法人，国公立大学法人などで，これらの主体が公民連携事業の発注者となります。しかし，公共施設の規模，整備運営コスト，効率性などの点から，単独の自治体で事業を行うより近隣の自治体と共同で事業を行った方が行政や住民にとって望ましい場合には，広域連携の仕組みが活用されてきました。広域連携による事業規模の拡大により，スケールメリットに加え，従来，個別自治体で行っていた事業運営の見直し等を行うことで，公民連携の効果を一層引き出すことが可能となります。

①　一部事務組合

　一部事務組合とは，普通地方公共団体（都道府県，市町村）および特別区が，その事務の一部等を共同処理するために設ける特別地方公共団体で，普通地方公共団体と同様に法人格を有しており，規約で定められた共同処理事務の範囲内において，行政主体として事務を執行する権能を有しています（地方自治法第284条〜第291条）。

　一部事務組合を設立するには，関係地方公共団体の協議により規約を定め，総務大臣または都道府県知事の許可を得なければなりません。共同処理する事務の範囲については制限がなく，教育，衛生，民生，労働等その事務の種類を問いません。一部事務組合が成立すれば，それによって共同処理するものとされた事務は，組合を構成する地方公共団体の権能から除外されます。

2020年3月末現在，一部事務組合等は1,293団体あり，分野別の内訳は，ごみ処理等の衛生関係組合等が530団体（全体の41.0％），救急や消防などの消防関係組合等が270団体（同20.9％）となっています。

PFI事業においても，廃棄物処理などの分野の多くの事業で一部事務組合が発注者となっています。

② 協議会方式

一部事務組合が法人を設立するのに対し，法人を設立しない広域連携の方法もあります。協議会方式は，地方自治法（252条の2～6）の規定に基づき，普通地方公共団体が事務の一部を共同して管理・執行するため，関係地方公共団体の協議により規約を定め，協議会を設けて事業を行うもので，規約の協議について関係地方公共団体の議会の議決を要します。協議会が行う事務の管理・執行は，関係普通地方公共団体の執行機関が管理・執行したものとしての効力を有します。

協議会には法人格がなく，協議会固有の財産や職員を有しません。協議会の経費は，規約で定めた方法にしたがって関係普通地方公共団体が負担します。

2018年7月現在，協議会の設置件数は211件で，分野別では，消防41件（全体の19.4％），広域行政計画等27件（同12.8％），救急25件（11.9％）となっています。なお，香川県善通寺市，琴平町および多度津町は，学校給食センターを共同で整備するにあたり，協議会方式を採用しています（第2章第2節参照）。

(2) 民間（受注者）の事業主体

公民連携事業において，民間側（受注者側）は，株式会社などの一般の民間企業が1社で契約者となる場合のほか，以下のような多様な主体が事業の受注者となることがあります。

①　SPC（特別目的会社）

　一般的な公共事業の場合には，発注者である公共側と受注者である民間事業者（共同企業体（JV）の場合を含む）の2者のみの契約ですが，PFIやPPPの場合においては，民間事業者は，設計から維持管理・運営まで幅広い業務を担うため，1社単独での事業への参画はまれで，設計，建設，維持管理および運営など，それぞれの業務を得意とする複数の企業がコンソーシアム（企業連合）を形成し，共同出資によって特別目的会社（SPC＝Special Purpose Company）を設立することが一般的です。SPCは株式会社などの形態で会社法に基づいて設立され，一般の会社と同様の法人格があります。

　SPCは，PFIやPPPに限らずプロジェクトファイナンスで広く用いられている事業主体で，通常の法人と異なり，契約で決められた特定の事業のみを実施する会社です。SPCを設立する理由（発注者がSPC設立を義務付ける理由）は，事業を限定し財産を分別管理することによって，本業以外の業務を行って経営が悪化することや，代表企業等の倒産がSPCの事業継続に影響を及ぼすことを避けるためです。SPCは，みずから調達する資金の多くを金融機関からの借入によって賄うため，金融機関の役割が重要となってきます。地方自治体などの発注者，民間事業者（SPCを構成する企業），金融機関の3者を中心として，一定の牽制関係を保ちながら，住民など施設利用者のために知恵を出し合って協働することで，公民連携がめざす効果がより一層発揮されます。

②　第三セクター

　第三セクターとは，地方自治体が出資をしている会社，財団法人，社団法人，地方三公社のことです。第一セクターの「行政」と第二セクターの「民間」が共同で設立することから「第三セクター」と呼ばれますが，法律上などの定義はありません。

　総務省の調査（2019年3月末現在）によると，第三セクター（地方三公社，地方独立行政法人は含まず）の数は6,597法人（2009年3月末比938法人減）であり，内訳は，社団法人・財団法人が3,150法人（同713法人減），株式会社等の会社法法人が3,447法人（同225法人減）となっています。第三セクターの事業の対象は，農林水産，地域・都市開発，観光・レジャー，教育・文化，商工

などの分野が多くなっています。

　バブル期の昭和60年代から平成10年頃にかけて，数多くの第三セクターが設立されましたが，リゾート開発や都市開発プロジェクトで第三セクターが乱立し多額の損失が出たことなどから，近年では第三セクターの新設は少なくなっています（2018年中の新設は48法人）。

　地方自治体主導の開発プロジェクトにおける事業主体となる株式会社の場合には，中心となる地方自治体が最大の株主になり，関連する地方自治体や民間企業が加わって第三セクターの会社が設立されました。官民から優れた人材を集めることで所期の目的を達成し成功している事例もありますが，経営の中心は地方自治体にあり，民間活力の活用が限定的であった事例も多くみられます。

　一方，民間企業中心の会社に，経営への関与などを目的として地方自治体が出資するケースもあります。例えば，PFI事業の新設SPCに，地方自治体が経営への一定の関与を目的に出資を行うケースがありますが，その場合，出資の目的を明確化し，議会などに対して出資の意義とリスクについて説明責任を果たすことが必要です。

③　外郭団体

　地方自治体の「外郭団体」について法令等で明確に規定された定義はありませんが，一般的には，外郭団体とは地方自治体の事務事業と密接に関連した業務を行う団体で，地方自治体が出資，補助，貸与等を行っている関係から，運営等について指導・助言しうる団体を指します。外郭団体は，出資や補助金などの財政的な支援のほか，事業・活動の内容および人事等の実質的な運営面において主務官公庁と密接な関係にあります。

　財団法人（公益財団法人，一般財団法人），社団法人（公益社団法人，一般社団法人），公社，社会福祉法人など，指定管理者として公共施設の維持管理・運営を担っている多くの外郭団体があります。これらのうち，地方自治体と民間の双方の出資があるものは，前述の第三セクターに含まれます。

　各地方自治体では，外郭団体の指導調整要綱などを定め，資本金，基本金などで一定の基準（例：地方自治体が4分の1以上を出資している団体）に達している団体や継続的な財政支出を行っている団体のうち，特に指導・調整をす

る必要のある団体を定め，重点的な管理を行っています。東京都の場合，関係する外郭団体のうち，公益財団法人19団体，一般財団法人２団体，社会福祉法人１団体，特別法人１団体，株式会社10団体の合計33団体を，全庁的に指導監督を行う必要があるものとして東京都政策連携団体に定めています。

　外郭団体が地方自治体の「公の施設」の指定管理者に継続して指定されている場合には，指定管理者制度の目的を達成するため，指定管理者に対する評価・モニタリング，事業者選定における競争性や透明性の確保などの点で，地方自治体と外郭団体の双方が留意する必要があります。

④　NPO（非営利団体）

　NPOとは「Non-Profit Organization」または「Not-for-Profit Organization」の略称で，さまざまな社会貢献活動を行い，団体の構成員に対し，収益を分配することを目的としない団体の総称です。このうち，特定非営利活動促進法に基づき法人格を取得した法人を，「特定非営利活動法人（NPO法人）」といい，2021年３月末現在，50,898の法人があります。

　NPOは法人格の有無を問わず，さまざまな分野（福祉，教育・文化，まちづくり，環境，国際協力など）で，社会の多様化したニーズに応える重要な役割を果たすことが期待されており，地方自治体や地域住民と協力して公共施設等の運営を担うこともあります。第２章第４節で紹介する新潟県長岡市の市役所庁舎等の複合施設「アオーレ長岡」では，NPO法人「ながおか未来創造ネットワーク」が，市民利用スペースの運営，イベントの企画立案など施設の運営に積極的な役割を果たしています。また，法人格の有無にかかわらず，NPO法人は指定管理者制度における指定管理者になることができ，市民目線，利用者目線での公共施設の運営が期待されています。

第3節　土地建物の権利関係の整理

　従来手法（公共工事）によって公共施設を整備する場合，施設の所有者も運営者（管理者）も公共となります。一方で，公民連携手法を活用する場合には，公共が施設を所有し民間が運営する公設民営のほか，民間の所有する施設を公共が活用する事例もあります。PFI手法においても，民間が施設を整備し公共に所有権を移転して運営を行うBTO方式のほか，民間が施設を所有したまま運営を行うBOO方式や民間が所有と運営を行い契約終了時に所有権を公共に移転するBOT方式など多様な事業方式があります。

　個別の事業方式を検討する際には，そのプロジェクトにおける公民それぞれの目的，立地条件，事業採算，財政負担などの点を総合的に考慮して，施設の整備，所有，維持管理・運営，費用負担，リスク分担などに関するスキームを検討していくことが大切です。

　公共施設等を整備する際に余剰地や余剰容積率が生まれる場合には，これらを活用して民間収益施設を整備し，公共の財政負担軽減を図る事例も多くみられます。その場合，民間事業者が長期にわたって安定的に土地を活用できるよう，定期借地権の利用も広がっています。また，事業対象の区域に公有地と民有地が混在している場合には，土地区画整理事業や市街地再開発事業によって土地建物の権利関係を整理する手法が有効です。

　本節では，公共施設や官民複合施設などの整備における土地と建物の権利関係について，個別の事例も含め，考えていきます。

(1)　民間所有施設の活用

　国や地方自治体などの公共は，庁舎，学校，住宅，福祉施設など非常に多くの土地建物を所有しています。そのため，公民連携を考えるときに，公共施設や公有地などを民間が活用するという方向ばかり考えがちですが，民間の施設を公共が活用するという逆の発想も大切です。

①　高浜市役所本庁舎

　愛知県高浜市は，本庁舎整備にあたって，財政負担の平準化・軽減を図るため20年間のリース方式を活用しました（2017年1月使用開始）。市は民間リース会社（大和リース㈱）と契約を結び，大和リース㈱は旧庁舎隣接地を使用貸借（地代は無償）して建物の設計建設を行い，完成後20年間，市に建物を賃貸します。建設工事と維持管理業務については，地元の会社が大和リース㈱から受注しています。リース期間満了後，建物は解体撤去されます。

　高浜市がリース方式を採用した理由は，財政負担の平準化を図るとともに，庁舎をシンボリック的な建物とすることを求めず，その分ほかの公共施設の更新・大規模改修等の費用に充てるためです。また，リース期間が20年と比較的短期間である理由は，将来，IT化の進展などにより，行政事務のあり方，行政サービスの提供方法も変化することが想定され，ある程度の期間で見直しを図るべきとしたことなどによります。

②　福岡市科学館

　リース方式のように建物全体を公共が民間から賃借する方法のほか，民間所有建物の一部を賃借して公共施設等を設ける手法もあります。第2章第9節で紹介する福岡市科学館は，九州旅客鉄道㈱が開発した民間複合施設の一部（3階〜6階）を福岡市が賃借し，民間事業者が科学館の内装・展示等の設計・施工および維持管理・運営業務を行っています。

　公共施設ごとの個別法で特に定められた場合を除けば，公共が建物を自前で所有する必要性の小さい施設もあります。特に，交通などの立地条件が良い場所や民間施設との一体化によって利便性が向上する場合などにおいては，民間所有の建物の活用を検討するメリットが大きいと考えられます。

(2)　余剰地，余剰容積率の活用

　公有地に余裕があり公共施設の整備を行っても余剰地が生まれる場合や容積率が高い場所で余剰容積率が残る場合には，民間収益施設として余剰地，余剰容積率を活用することによって，公共施設等の整備にかかる財政負担の軽減を図ることができます。

余剰地を活用した事例は非常に多くありますが，本書でも第2章第3節で大阪大学グローバルビレッジ津雲台，第4節で渋谷区役所建替プロジェクト，第5節で原宿警察署（神宮前一丁目民活再生プロジェクト）を紹介しています。

余剰容積率活用の事例としては，奈良県橿原市の「八木駅南市有地活用事業」があります。本事業は，鉄道の結節点である近鉄八木駅前の市有地に，市民向け窓口を中心とした分庁舎（低層階）を整備するとともに，余剰容積率を活用して上層階にホテルを誘致した案件です。市民にとっての利便性が向上するとともに，宿泊観光客の増加により，地域活性化を図ることをめざしています。

図表1-3-1 庁舎およびホテル外観

（出所：橿原市HP）

(3) 土地区画整理事業および市街地再開発事業

公共施設等を整備する際に，土地の所有者が単一の地方自治体や国のみの場合には土地を利用する権利を調整する必要がありませんが，整備する区域に民間の土地所有者が含まれているなど複数の権利者がいる場合には，土地区画整理事業や市街地再開発事業の手法が用いられます。

土地区画整理事業は，土地の区画を整え，道路，公園，河川等の公共施設を整備・改善し，宅地の利用の増進を図る事業です。道路が狭いなど公共施設が不十分な区域では，地権者からその権利に応じて少しずつ土地を提供してもらい（減歩），この土地を道路・公園などの公共用地が増える分に充てるほか，そ

の一部（保留地）を売却し事業資金の一部に充てます。工事や移転補償など事業に必要な資金は，保留地処分金のほか，道路や公共施設等の整備費に対する補助金でまかないます。地権者にとっては，土地の面積は従前に比べ小さくなるものの，区画が整い，公共施設が整備され，利用価値の高い宅地が得られます。

　市街地再開発事業は，土地区画整理事業の権利変換を立体的に行うもので，市街地内の木造密集地区などで細分化された敷地を統合し，不燃化された建物を建設し，公園，街路等の公共施設の整備等を行う事業です。低層の建物が密集した敷地を共同化し，建物を中高層化することにより，公共施設用地を生み出します。従前の権利者の権利は，原則として等価で新しい再開発ビルの床に置き換えられます（権利床）。また，建設費や移転補償費などの事業費は，土地の高度利用で生み出された床（保留床）の処分でまかないます。権利変換のイメージは，次の**図表１－３－２**のとおりです。市街地再開発事業の手法は，公民連携事業においても，本節で紹介する豊島区新庁舎整備事業や東京霞が関の中央合同庁舎第７号館整備等事業などで活用されています。公共施設の整備を行う際に，周辺の民間所有地を含めて再開発することによって，道路や公園・広場などのインフラを整備するとともに，土地の有効活用によって官民双方の新たな施設が生まれ，地域が活性化することが期待されます。

図表１－３－２　　**市街地再開発事業の権利変換**

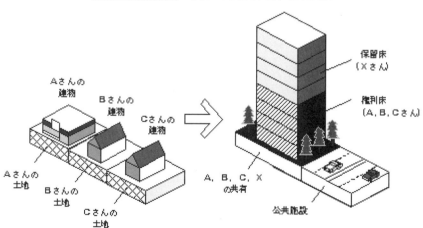

（出所：国土交通省HP）

(4)　定期借地権

①　借地権の種類

　他者が所有する土地を賃借して利用する借地権には，普通借地権と定期借地権があります。

　普通借地権は，存続期間30年以上，用途制限なしの借地権です。借地人の権利が手厚く保護されており，借地権を更新することができ，土地所有者は更新を拒否するには正当な事由が必要です。

　一方，定期借地権は，その名称のとおり，契約の更新，期間の延長を行わない借地権で，公民連携事業で広く活用されています。定期借地権には，一般定期借地権，事業用定期借地権および建物譲渡特約付借地権があります。

　一般定期借地権は，借地期間を50年以上とすることを条件として，①契約の更新をしない，②建物再築による期間の延長をしない，③借地人は期間満了による建物の買取請求をしないという3つの特約を公正証書などの書面で契約することで成立します。これらの特約によって，借地権は更新されることなく終了し，土地は更地で返還されることになります。用途の制限がなく期間が長期であるため分譲・賃貸マンションの敷地としても活用されており，公民連携事業においては，第2章第4節で紹介する渋谷区役所建替プロジェクト，第2章第5節でとりあげる原宿警察署（神宮前一丁目民活再生プロジェクト）でも一般定期借地権が活用されています。

②　地代および一時金

　定期借地権の地代および一時金の支払方法には，定期的（月払い等）な地代支払のほか，保証金，権利金および前払地代があり，土地所有者と借地人の双方にとって法律上の権利義務や会計・税務上の取扱いが異なります。

　2005年に導入された前払地代方式は，契約期間の地代の全部または一部を前払いで支払うもので，全額前払いのほか，一定の期間分の地代のみ前払い，月払分を公租公課相当額として残額は一括前払いとする契約も可能です。次に紹介する東京都豊島区の旧庁舎跡地活用事業は，一括前払いを活用した事例です。

③　豊島区新庁舎整備事業および旧庁舎跡地活用事業（Hareza池袋）

　東京都豊島区は，旧区役所庁舎や公会堂の老朽化にともない，新庁舎を南池袋公園の近接地に移転（2015年5月業務開始）するとともに，旧庁舎跡地に定期借地権を設定し民間施設（オフィス，映画館，店舗等）とホール（区・民間）などからなる複合施設Hareza池袋を整備しました。

　新庁舎の整備は市街地再開発事業（南池袋二丁目A地区市街地再開発事業）によって行われ，旧日の出小学校および旧南池袋児童館の土地建物を所有していた豊島区は，権利変換によって新たに建設される建物のうち約10,740㎡（約85億円分）の権利床を取得しました。さらに，旧庁舎跡地の定期借地権の一括前払地代として受領した約191億円から123.8億円を支出して保留床約14,832㎡を取得し，これらを合わせて新庁舎として使用しています（建物1階の一部と3階から9階）。

　また，一般財団法人首都圏不燃建築公社と東京建物㈱が参加組合員として市街地再開発事業に参加し，建物の高層部分を，ファミリー世帯向けを中心とするマンションとして分譲しました。施設の概要は以下のとおりです。

図表1-3-3　施設概要

建物名称	としまエコミューゼタウン
施設規模	敷地面積：約8,324m²，延床面積：約94,681m² 地下3階地上49階
用途	庁舎，共同住宅（432戸），店舗・事務所，駐車場
豊島区専有面積	庁舎：約25,573m²（1階の一部と3～9階），駐車場，駐輪場
開業	2015年5月

（出所：豊島区HPより当社作成）

　一方，池袋駅に近い旧庁舎の跡地では，旧本庁舎敷地と公会堂敷地に，期間76年の定期借地権を設定し，東京建物㈱，㈱サンケイビルおよび鹿島建設㈱からなる民間事業者がオフィスビル，映画館，店舗，ホール等からなるHareza池袋を建設しました（2020年6月グランドオープン）。Hareza（ハレザ）の名称は，非日常を体験できる「ハレ」の場と劇場，多くの人が集まる場所を意味

する「座」を組み合わせて付けられました。広場（中池袋公園）を囲む8つの劇場（映画館を含む）により，新たな文化・にぎわいの拠点となっています。

　新庁舎・マンションおよびHareza池袋外観

（出所：豊島区HP）

(5)　LABV（Local Asset Backed Vehicle）

　LABVとは，地方自治体が公有地を現物出資し，民間事業者が資金を出資した事業主体が公民連携によって施設の整備等を行う事業手法です。現在，わが国初のプロジェクトとして，山口県山陽小野田市，㈱山口銀行，小野田商工会議所などが中心となり，2022年の共同事業体設立に向けて準備を進めています。

　山陽小野田市の商工センター建替えにあたり，市が整備計画地を現物出資し，民間（小野田商工会議所，㈱山口銀行，民間パートナー）が資金出資とあわせ共同事業体（合同会社）を設立する計画です。共同事業体は，新たな商工センターを整備・所有し，市，商工会議所，銀行等が床の賃借または買取りを行うスキームが想定されています。

　LABVは，市街地再開発事業と同様に，公有地を活用し公民連携を活用して複合施設を整備することで，財政負担を抑えて公共施設を整備する手法として注目されています。

第2章

公共施設別の公民連携

公共施設等に関する公民連携は，住民や利用者にとって身近な文化施設，スポーツ施設，教育施設，公営住宅などの分野だけでなく，上下水道，道路，河川などの大規模インフラや刑務所，斎場などの施設にも広がっています。

本章では，公共施設を25の分野に分け，先進的な事例，創意工夫がなされた事例などを中心に，全国各地の案件を紹介します。各事業分野における基本的な情報は，公民連携を考える上での「横糸」です。第1章の「縦糸」（手法）とあわせ，読んでいただければ幸いです。

本章でとりあげた案件の中には，PFI手法や指定管理者制度などの手法が誕生する以前である高度経済成長期や昭和後期の民活ブーム時代の案件も含まれています。これらの事例は，現在のPFI手法などの公民連携手法の原型となったものが多く，その事業スキームと成果は，今日でも参考となります。

なお，紙幅の関係で，各事例について概要のみしかお伝えできておりませんが，ご容赦をお願いします。各案件の詳細については，発注者のホームページ，日本PFI・PPP協会のデータベースなどでご確認ください。また，お祭りやイベントなどのソフトな活動による公民連携の事例は含まれていません。ソフトな活動による地域おこしについては，数多くの優れた書籍などがありますので，そちらをご参照ください。

第1節　学校施設（小中高）

　市区町村にとって，公立小中学校の施設は，施設数の点でも規模（敷地面積や床面積）の点でも，所有する固定資産の中で大きなウエイトを占める公共施設です。都道府県にとっては，公立高校の施設が同様の位置づけとなります。

　第一次，第二次ベビーブームやニュータウン開発などによる人口移動によって児童・生徒が急増した時期に，多くの学校の新増設が行われました。しかし，現在は，少子化によって児童・生徒が減少し学校の統廃合が進むとともに，施設の老朽化や新たなニーズへの対応が課題となっています。

図表2－1－1　国公私立学校数および児童・生徒数（2020年5月現在）

	学校数（校）	児童・生徒数（人）
小学校	19,525	6,300,693
中学校	10,142	3,211,219
高等学校	4,874	3,092,064
特別支援学校	1,149	144,823

（出所：文部科学省「令和2年度学校基本調査」より当社作成）

　本節では，学校施設における公民連携の取組みとして，(1)校舎の建替え，(2)空調設備の導入，(3)耐震改修工事，(4)学校の一部施設の廃止と民間への教育の委託（屋外プールなど）の各分野について，先行事例を紹介します。なお，廃校校舎の活用については，本章第24節で取り上げます。

⑴　校舎の建替え

　施設の老朽化や集約化などによって学校校舎の建替えを行う際に，公民連携手法を導入し民間の技術やノウハウを活用することで，学校施設整備を迅速かつ効率的に行うケースが増えています。また，学校は地域にとっても住民のスポーツや文化活動の拠点となることから，施設の複合化などによって地域住民

にも開かれた施設も生まれています。

　学校校舎建替事業については，これまでにPFI手法を用いた事例が多くあります。地元企業にとって，校舎建設，維持管理の事業は比較的参入しやすい事業であり，過去の事例においても，地元企業が代表企業となって受注する例が多くなっています。本項では，数多くの事例の中から，最近の事業として高知県宿毛市の小学校と中学校の合築整備事業，比較的初期のPFI事業の中で有名な案件として，四日市市で4校の小中学校の建替えを1つのPFI事業の中で実施した事業と千葉県市川市で中学校校舎・給食室・公会堂・保育所，ケアハウス・デイサービスセンターを複合施設として整備したPFI事業を紹介します。

①　宿毛小学校・宿毛中学校合築

　高知県宿毛市では，南海トラフ地震など防災対策を強化する観点から，宿毛小学校と宿毛中学校の合築校舎を建設し，児童・生徒が安心安全に過ごせる学校教育の場の形成を目指し，宿毛市として初めて，PFI手法を活用して本事業を実施しています。地元企業を中心とするコンソーシアムが落札し，高知県産の杉を多用する木造校舎とするとともに，周辺環境への調和や台風などへの対策など，地域に密着した視点からの施設整備を進めています。

図表２−１−２　事業概要

事 業 名	宿毛市における小中学校整備事業
発 注 者	宿毛市（高知県）
受 注 者	㈱山幸建設を代表企業とするSPC
事 業 期 間	設計・建設：2019年3月〜2021年3月 維持管理　：2021年4月〜2049年3月
事 業 費	提案金額：約43億円（税込）

（出所：宿毛市HPより当社作成）

②　四日市市立小中学校4校建替え

　本事業は，三重県四日市市の市立小中学校4校（南中学校，橋北中学校，港中学校，富田小学校）の校舎等の老朽化に伴う更新のため，民間事業者が企

画・設計，改築・改修，解体・撤去業務を行い，4校の学校施設全体の維持管理業務を実施する事業です。四日市市は，2003年2月に実施方針を公表，2004年1月に優先交渉権者を選定し，同年6月にSPCと事業契約を締結しました。PFI事業による公立小中学校施設の整備は他の地方自治体でも行われていますが，公立小中学校の複数校一括整備は全国でも初の先駆的な取組みでした。

　長期一括発注により，従来手法（公共工事）で4校の建替事業を行った場合と比較して大幅な財政負担軽減（事業者選定時VFM：約30%）が実現するとともに，短期間で施設整備が完了しました。

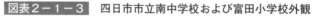

図表2－1－3　**四日市市立南中学校および富田小学校外観**

（出所：四日市市教育委員会HP）

図表2－1－4　**事業概要**

事 業 名	四日市市立小中学校施設整備事業
発 注 者	四日市市（三重県）
受 注 者	よっかいちスクールサービス㈱（代表企業：大成建設㈱）
事 業 期 間	2004年6月（契約締結）～2027年3月
事 業 費	契約金額：（整備費）約54億円（税込），（維持管理費）約14億円（税込）

（出所：内閣府PFI推進室，四日市市HP等より当社作成）

③　市川七中行徳ふれあい施設

　本事業は，老朽化した中学校校舎と給食室の建替えに際して，余剰容積率を活用して公会堂，保育園といった地域ニーズの高い施設を併設した複合施設を整備し，維持管理を行う事業です。また，本複合施設と，別のPFI事業として

実施されるケアハウス，デイサービスセンターが同じ建物の中に整備され（**図表2−1−5**参照），1つの建物が2つのPFI事業で構成されています。本事業の事業者とケアハウス等のPFI事業者（社会福祉法人）は，1つのコンソーシアムを形成し事業を実施しています。

図表2−1−5　施設構成

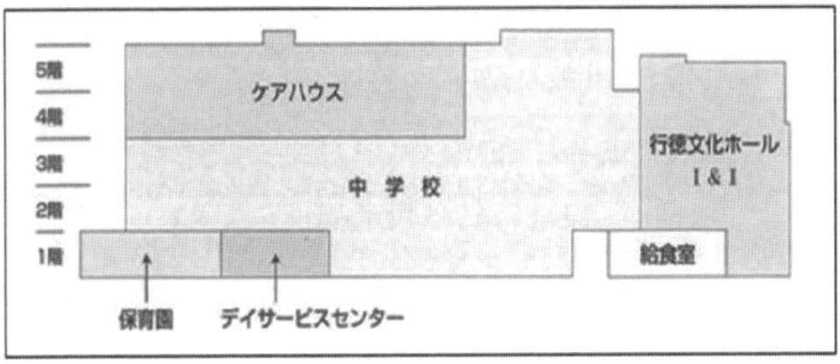

（出所；内閣府PFI推進室資料）

　本事業は，単に中学校校舎を建て替えるのみではなく，地域における多世代（保育園児，中学生，高齢者，地域住民など）のふれあい，交流の機会を増やすことを目的の1つとしています。民間事業者の提案は，1つの建物の中に各施設を積層にして合築することにより一体的に整備するもので，性能発注による民間の創意工夫やノウハウが活用された好事例といえます。

図表2−1−6　事業概要

事　業　名	市川市立第七中学校校舎・給食室・公会堂整備等並びに保育所整備PFI事業
発　注　者	市川市（千葉県）
受　注　者	市川七中行徳ふれあい施設㈱（代表企業：大成建設㈱）
事　業　期　間	設計・建設　　　：2003年3月〜2004年12月（中学校校舎および給食室は2004年8月に工事完了） 維持管理・運営：2004年9月〜2020年3月
施　設　規　模	延床面積：23,700m²（既存校舎を含む）
事　業　費	契約金額：（施設整備費）約41億円（税込），（維持管理費）約8.6億円（税込）

（出所：市川市資料より当社作成）

(2)　空調設備の導入

　日本全国で夏季の気温が上昇する中，熱中症などを防ぎ，学業や学校活動へ集中できるようにするため，最近10年間で小中学校への空調設備（冷房）の設置が進みました。空調設備は，多くの学校に早期かつ一斉に導入することが市民からも求められていることや，夏季休暇期間等を利用して工事を実施するなど学校活動への影響を少なくする点から，PFI手法やリース方式を活用した公民連携が活用されてきました。

　以下のグラフは，1998年から2020年までの公立小中学校における冷房設置率の推移を示したものです。普通教室の設置率は，最近10年間で急速に進展し，すでに9割を超えていますが，特別教室や災害発生時の避難所ともなる体育館等への設置が課題となっています。

図表2－1－7　公立小中学校における冷房設置率の推移

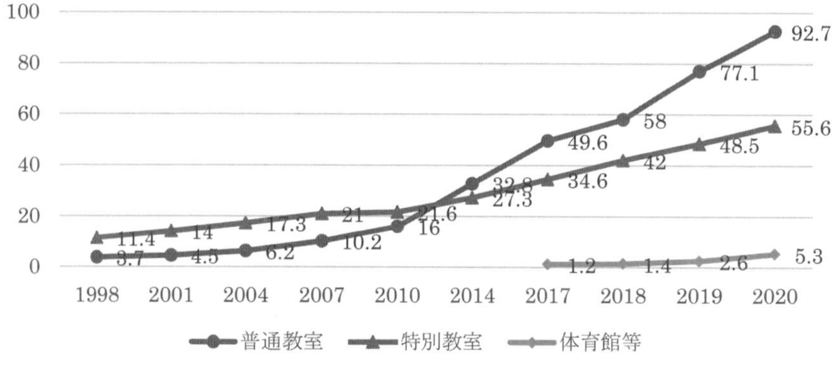

（出所：文部科学省「公立学校施設実態調査報告」（令和元年度）より当社作成）

　福岡市は，2014年に実施方針を公表し，西部地区（37校，普通教室780室）と東部地区（34校，普通教室744室）に分けて小学校への学校空調設備整備のPFI事業を実施し，翌2015年には，同様に西部地区（26校，普通教室510室）と東部地区（24校，普通教室419室）に分けて中学校への空調設備整備のPFI事業を開始しました。PFI手法を活用し民間事業者との連携を図ることで，迅

速な工事実施が可能であったと評価されています。

①　大分市立小学校空調設備

　本事業は，大分市内の小学校49校の普通教室，特別教室，管理諸室の計1,094室を対象として空調設備の導入を行う事業です。非常に対象規模の大きい事業ですが，事業者選定においては，一連の事業を確実に実施・継続できる体制，地域社会・地域経済への積極的な貢献，短期間に一斉導入する施工スケジュールの工夫，空調熱源のベストミックス化と災害時のエネルギー対応，学校現場という特性に配慮した設計施工の実施，重層的なセルフモニタリングによる効率的な維持管理や事業終了引継時の点が評価されました。

図表２－１－８　**事業概要**

事 業 名	大分市立小学校空調設備整備 PFI事業
発 注 者	大分市（大分県）
受 注 者	扶桑工業㈱を代表企業とするSPC
事 業 期 間	設計・施工：2019年3月～2020年3月 維持管理　：2020年4月～2032年3月
事 業 費	入札価格：約30億円（税込）

（出所：大分市資料等より当社作成）

(3)　耐震改修工事

　学校施設の老朽化に対し，建物を建て替える代わりに耐震改修工事を実施して施設の長寿命化を図る取組みも広がっており，従来手法（公共工事）に加えてPFI手法なども活用されています。

①　釧路市立学校施設

　北海道釧路市では，市立小中学校のうち，小学校13校，中学校6校の計19校は新耐震基準が適用されておらず，かつ，耐震化が図られていない状況にありました。加えて，竣工から30～40年が経過しているため建物や各種設備の老朽

化が著しいことから，早急な耐震化への対応および大規模な改修を実施することとなりました。一方で，市の財政状況は非常に厳しいことから，単年度における財政負担の軽減を図り，学校教育活動への影響を最小限に抑えながら早期に事業を完了するためには，高い施工技術の活用が不可欠でした。

　これらの事情から，釧路市は，PFI手法によって民間事業者の耐震補強事業等に関するノウハウや事業遂行能力，資金力等を活用することとなり，第一期および第二期に分けて耐震補強および大規模改造の事業を実施することとしました。

　事業全体の概要は**図表2－1－9**のとおりです。このうち，第二期で実施された大楽毛中学校は，2013年度に文部科学省の学校施設老朽化対策先導事業（全国4校のうちの1つ）に選ばれ，耐震改修だけでなく，教育環境の向上や地域の防災拠点としての役割強化のために，施設の大規模な改修が行われました（PFI事業に含まれるものと市が実施したものがあります）。

図表2－1－9　事業概要

事　業　名	釧路市立学校施設耐震化PFI事業	
	第一期	第二期
発　注　者	釧路市（北海道）	
対　象　校	小学校2校，中学校2校（計4校）	小学校7校，中学校3校，小中学校1校（計11校を2事業に区分）
受　注　者	代表企業：村井建設㈱	その1：代表企業：宮脇土建㈱ その2：代表企業：坂野建設㈱
工　　　期	2013年1月～2015年3月	2014年3月～2016年10月
維 持 管 理	2015年4月～2022年12月	2016年11月～2024年3月
事　業　費	約41億円（税抜）	その1：約42億円（税抜） その2：約51億円（税抜）

（出所：釧路市資料より当社作成）

⑷　学校の一部施設の廃止と民間への教育の委託

　公立学校と地域が，それぞれの施設を相互に利用する取組みは，例えば，体育館やプールの一般利用や文化施設などの教育活動での活用など，広く行われてきました。学校の水泳プールについては，施設の老朽化に伴い設備の更新や大規模改修を行うのか，または，学校ごとの施設を廃止し跡地を有効活用するとともに民間のスイミングスクールに水泳授業を委託するのか，という検討が多くの自治体で始まっています。

　学校のプールを廃止し民間に授業を委託することの課題としては，①プールまでバス等での移動が必要，②夏休みの期間中の児童生徒の利用や一般開放ができない，③中学校の場合には部活動に影響する，④スイミングスクールへの委託費が必要となる，などの点が挙げられます。一方で，メリットととしては，①専門の指導者による効果的な指導，②屋内プールであるため水温や水質が一定，③騒音など近隣との問題がない，④プール跡地の利用が可能，⑤プール更新工事などの費用が不要となる，などのメリットがあります。各地方自治体は，これらの両面を比較検討するとともに，保護者や地域住民の意見を聞き，方針を検討しています。学校の水泳プールの事例は，民間との連携による公共施設のあり方を考える際に，その使い方の観点も含めて多くの示唆を与えてくれます。

第2節　学校給食センター

　学校給食センターは，公立学校施設と同様，1970年前後の児童生徒の急増期に建設された施設が多く，施設の老朽化や耐震化が問題になるとともに，少子化の進展に対応するため，施設の統廃合の検討が各地で進んでいます。また，公共施設管理の点から稼働時間の短さが指摘されることも多く，より効率的な施設整備，維持管理・運営が求められます。

　こうした課題に対応するため，公民連携手法の導入が検討されており，特に，効率性の観点から，施設の設計・建設から維持管理・運営まで一貫して行うPFI手法やDBO方式の採用が非常に多くなっています。こうした背景には，民間ノウハウ等の活用による効率的な施設整備・運営の実現や，財政負担の軽減・平準化といった効果だけでなく，地方自治体側の事務手続の軽減といった効果にも重点が置かれ，事業手法が選定されていると考えられます。

　このうち，本節では，複数の学校給食センターの機能を集約化するとともに，民間事業者の自主事業を業務範囲に含めることにより混合型のPFI手法を導入して事業化した，北海道伊達市の「だて歴史の杜食育センター」の事例や，1市2町の給食センターを集約化するために協議会形式で事業検討，窓口対応した，香川県善通寺市，琴平町，多度津町の「善通寺市・琴平町・多度津町学校給食センター」の事例，民間提案による環境に配慮した施設設計や総合食育拠点としての機能付けがされるだけでなく，PFI手法の導入により非常に大きな財政負担軽減効果が得られた，埼玉県狭山市の「狭山市立堀兼学校給食センター」の事例を紹介します。

⑴　PFI手法

①　だて歴史の杜食育センター

　伊達市は，人口約3万3千人を有し，胆振総合振興局の西いぶり地域に属する，北海道の道央地方南部に位置する都市です。

　伊達市と近隣の壮瞥町の学校給食は，従来，伊達・壮瞥学校給食組合が，元町調理場と大滝区調理場の2カ所で，伊達市内15校と壮瞥町内4校を合わせて

19の小中学校の給食の調理や配送，食器などの洗浄業務を民間委託で実施していました。しかし，元町調理場は，施設の老朽化が著しいことに加え，学校給食衛生管理基準を満たしておらず，安心安全な学校給食を提供する観点から早急な建替えが必要であったこと，大滝区調理場は，アレルギー対応食の調理ができず，小規模施設であるためスケールメリットが得られず，効率的な運営が必要であったことから，これら2つの調理場を統合し，安全安心な学校給食の提供の確保および効率的な学校給食事業の実現のため，PFI手法（BTO方式，混合型）の導入により，民間ノウハウを活用して新たな学校給食センターを整備することとしました。

　当事業の特徴としては，給食センターの機能に加え，都市公園に隣接する立地を生かし，市民の健康増進および伊達市の食材PRに資する自主事業を展開するための食育レストランを整備・運営する業務が含まれていることです。また，民間提案により，災害発生時には，1日当たり最大9,900食の炊出しを3日間可能とする設備を導入し，災害への対応能力を有する施設となっています。

図表2-2-1　施設外観，調理場および食育レストラン

（出所：内閣府「PPP/PFI事例集」）

図表2-2-2　事業概要

事 業 名	（仮称）伊達市学校給食センター整備運営事業
発 注 者	伊達市（北海道）
受 注 者	ふれあいだて歴史の杜食育センター㈱（代表企業：㈱日総）
事業期間	設計・建設・開業準備：2015年6月～2018年1月 維持管理・運営　　　：2018年1月～2032年12月

施設規模	敷地面積：4,000m², 延床面積：3,184m² • 学校給食センター（小中学校19校，最大3,300食／日） • 食育レストラン
事 業 費	契約金額：約4,700百万円

（出所：伊達市HP，内閣府資料等より当社作成）

②　善通寺市・琴平町・多度津町学校給食センター

　善通寺市（人口：約3万1千人），琴平町（人口：約8千人）および多度津町（人口：約2万2千人）は，香川県北西部にそれぞれ隣接して位置する市町です。

　1市2町のそれぞれの学校給食センターは，竣工後30年以上が経過し，毎年多額の修繕費が必要となることや，学校給食衛生管理基準に対応するため，新たな学校給食施設の早急な整備が必要となっていました。こうした課題を解消し，財政負担の軽減およびスケールメリットによる効率化の観点から，1市2町の学校給食センターを統合するとともに，民間ノウハウ等を活用し，施設整備，維持管理・運営の一部を，長期的かつ一体的に民間事業者に委ねるため，PFI手法（BTO方式，サービス購入型）での事業化を決定しました。

　本事業の特徴は，1市2町の学校給食センターを統合するにあたり，財政負担軽減の観点から広域連携による整備を当初から計画するとともに，学校給食に関する事務を共同して管理・執行するために「善通寺市・琴平町・多度津町学校給食センター協議会」を設置し，事業手法等の検討や事務対応窓口を一本化したことです。複数自治体の学校給食事業をバンドリングすることにより，より一層の財政負担軽減効果が図られるとともに，協議会方式の採用による民間事業者への対応の迅速化・効率化が期待されます。

図表2－2－3　施設全景および外観イメージ

（出所：善通寺市HP）

図表2-2-4　事業概要

事 業 名	善通寺市・琴平町・多度津町学校給食センター整備運営事業
発 注 者	善通寺市，琴平町，多度津町（香川県）
受 注 者	㈱善通寺・琴平・多度津学校給食サービス（代表企業：㈱東洋食品）
事業期間	設計・建設　　　：2018年1月〜2019年6月 開業準備　　　　：2019年7月〜2019年8月 維持管理・運営：2019年8月〜2034年7月
施設規模	敷地面積：約5,500m² •学校給食センター（対象：幼稚園14園，小中学校19校，最大6,500食／日）
事 業 費	落札金額：約5,934百万円（税抜）

（出所：善通寺市資料より当社作成）

③　狭山市立堀兼学校給食センター

　狭山市は，人口約15万人を有する，埼玉県南西部に位置する都市です。

　狭山市には3カ所の学校給食センターがあり，市内の公立小中学校に給食を提供しており，このうちの2カ所，入間川と柏原の学校給食センターは，PFI手法を導入して2009年9月から運営が開始されていました。一方，堀兼学校給食センターは，1978年1月の運用開始後，30年以上が経過し，施設の老朽化が進展するとともに，学校給食衛生管理基準に十分に対応できておらず，多様化する給食内容にも対応できる新たな学校給食センターに更新する必要がありました。この更新事業の実施にあたり，他の2カ所の学校給食センターでPFI手法の導入効果が出ていたこともあり，民間活力の導入を前提に，PFI手法（BTO方式，サービス購入型）を導入して，堀兼学校給食センターの施設更新が行われることになりました。

　本事業の特徴は，民間提案により，太陽光発電施設の設置，照明・防災器具のLED化，敷地内緑化によるCO_2削減など地球環境に配慮した施設設計を実施したことや，HACCPに基づく温度管理，二次汚染防止のための最新鋭の衛生管理方式を導入したこと，「未来の子供たちのための総合食育拠点」をコンセプトに職場体験，施設見学および食育イベントなど多目的に対応できる機能が備わっていることが挙げられます。また，適切な事業スキーム立案・公募条件

の設定により，民間事業者の適度な競争を促したことにより，非常に大きな財政負担軽減効果（事業者選定時VFM：22.7％）を得ることが可能となりました。

図表2-2-5　施設外観

（出所：狭山市HP）

図表2-2-6　事業概要

事 業 名	狭山市立堀兼学校給食センター更新事業
発 注 者	狭山市（埼玉県）
受 注 者	シダックス大新東ヒューマンサービスグループ （代表企業：シダックス大新東ヒューマンサービス㈱）
事業期間	設計・建設　　　：2014年1月〜2015年6月 開業準備　　　　：2015年7月〜2015年8月 維持管理・運営：2015年9月〜2030年3月
施設規模	敷地面積：約3,899m² ・学校給食センター（対象：小中学校7校，最大3,800食／日）
事 業 費	落札金額：約3,717百万円（税抜）

（出所：狭山市HPより当社作成）

第3節　大学施設

　国公立大学は，講義棟や研究棟に加え，学生寮，教職員宿舎，国際交流施設，医学部付属病院など，多くの施設を所有・管理しています。各大学は，これらの施設整備にあたり，従来からサービス購入型PFIなどの公民連携手法を積極的に活用してきましたが，最近では独立採算で学生寮や宿舎の整備運営を行う案件や余剰地などを活用した民間付帯施設を併設する案件も増えています。このうち，本節では，校舎・研究棟に関する事例として，九州大学のキャンパス移転にともない，総合研究棟（理学系）ほかの施設をPFI手法で整備した事例，学生寮・職員宿舎の事例として，沖縄科学技術大学院大学の宿舎をPPPおよびPFI手法で整備した事例，大阪大学の学生寮等のPFI事業を紹介します。

(1)　講義棟・研究棟

　大学の講義棟や研究棟などの建物は，施設規模が大きく，専門分野ごとに求められる機能も高度化しています。民間のノウハウを活用して，コストを下げるとともに良質な施設の整備，維持管理を行うことをめざして公民連携の手法が活用されています。

①　九州大学（伊都）総合研究棟（理学系）他施設

　九州大学は，旧箱崎キャンパスおよび旧六本松キャンパスの敷地が狭いうえに老朽化が進んでいたことから，福岡市西区と糸島市にまたがる自然豊かな場所に新キャンパス（伊都キャンパス）を建設し，2005年から2018年にかけて，順次施設の移転を行いました。このうち，理学系の総合研究棟の整備にあたっては，PFI手法が採用され（2015年竣工），教育と研究の拠点として活用されています。空調設備の高機能化，高効率熱源システムの構築，連続監視システムの設置，各種床材の工夫など，教育研究環境の高機能化や快適化，維持管理業務および運営業務の高品質化等に資する効果的な民間事業者からの提案などが大学から評価されました。

図表2－3－1　**事業概要**

事 業 名	九州大学（伊都）総合研究棟（理学系）他施設整備事業
発 注 者	国立大学法人九州大学
受 注 者	㈱伊都サイエンスPFI（代表企業：㈱竹中工務店）
事 業 期 間	設計・建設　　　：2013年8月～2015年9月 維持管理・運営：2015年10月～2028年3月
施 設 規 模	延床面積：（総合研究棟）52,559.8m²，（講義棟・生活支援施設） 1,910m²，（民間付帯施設）99.5m²
事 業 費	入札金額：約159億円（税抜）

（出所：九州大学資料より当社作成）

(2) 学生寮・職員宿舎

　大学には，国内外から多くの学生，研究者，教職員が集います。大学関係者にとって快適な住環境を適切なコストで提供することは，大学の教育研究にとって非常に重要です。また，留学生や海外からの研究者の増加に伴い，国内の学生と留学生がともに生活する新しいタイプの学生寮が次々に登場しています。

　また，大学関係者の生活の利便性向上や余剰地活用による財政負担軽減のために，民間付帯施設や民間収益施設を併設する事業も増加しています。このように，高度化，複雑化するニーズに対応するため，施設整備および維持管理において民間との連携が一層求められています。

① 沖縄科学技術大学院大学宿舎

　沖縄科学技術大学院大学は，沖縄県恩納村にある大学院大学で，科学分野の5年一貫制博士課程を有しています。国内外から優れた研究者を集めて質の高い研究を行い，世界レベルの研究拠点の形成を推進し，沖縄における技術移転・イノベーション促進の知的クラスターの核となることを通して世界の科学技術へ寄与するため，沖縄科学技術大学院大学学園法に基づき，2011年に開設されました。2021年1月現在，世界各国から1,009名の教職員と237名の博士課程の学生が集い，日本有数の研究水準を誇っています。

　同大学では，規模の拡張にともない，教職員や学生を受け入れるために，開学以来，PPP・PFI手法を活用し，順次宿舎の整備を行ってきました。通常の学生寮とは異なり，世界各国から優秀な研究者，大学院生を集めるために，高い水準での施設整備が求められてきました。

　最初の宿舎施設整備（209戸）は，2011年から2015年にかけ，PPP事業として整備されました。事業スキームは，PFI手法（BTO方式）と同様で，民間事業者が施設を整備後，30年間にわたって維持管理・運営業務を行うものです。

図表２－３－２　**宿舎外観**

（出所：沖縄科学技術大学院大学HP）

　大学院の規模拡張に伴い，2019年からPFI手法により，140戸の整備が進められています。今までの宿舎と同様に，居住者の家族構成などに応じて，1LDKから3LDKまでの住宅やシェアハウス（２ベッドルーム，３ベッドルーム）などさまざまなタイプの住居が用意されています。

　事業スキームは，民間事業者が施設を整備し大学院に施設を引き渡した後，公共施設等運営権を設定し，維持管理・運営業務を行うBT＋コンセッション方式が採用されました。また，本事業は，民間事業者が入居者からの家賃収入によって，施設整備費，維持管理・運営費等を回収する独立採算事業となっています（大学から一定の入居率保証が付与されています）。また，入居者のスムーズな生活の立上げのため，民間事業者は，生活用品のレンタルサービスやインターネット接続サービスなどを行うことが義務づけられています。

図表2−3−3　事業概要

事 業 名	沖縄科学技術大学院大学規模拡張に伴う宿舎整備運営事業
発 注 者	学校法人沖縄科学技術大学院大学学園
受 注 者	OKINAWA SCIENTISTS VILLAGE Ⅲ㈱ （代表企業：㈱合人社計画研究所）
事業期間	設計・建設　　　：2019年3月〜2021年8月 維持管理・運営：2021年9月〜2061年3月
施設規模	延床面積：約11,481m²，住宅戸数：140戸
事 業 費	契約金額：約77億円（税込）

（出所：沖縄科学技術大学院大学資料等より当社作成）

②　大阪大学グローバルビレッジ津雲台

　本事業は，老朽化した津雲台宿舎（大阪府吹田市）を廃止し，外国人留学生・日本人学生混住型の学生寮，教職員宿舎を整備するとともに，施設集約化により生み出される余剰地を活用した民間付帯施設（賃貸住宅等）からなる「グローバルビレッジ」をPFI手法によって整備・運営するものです。学生寮の維持管理・運営期間は30年ですが，民間付帯施設については定期借地権を設定し，50年の事業期間となっています。

図表2−3−4　津雲台の外観および交流スーペース

（出所：大阪大学HP）

図表２－３－５　**事業概要**

事 業 名	大阪大学グローバルビレッジ施設整備運営事業
発 注 者	国立大学法人大阪大学
受 注 者	PFI阪大グローバルビレッジ津雲台㈱ （代表企業：パナソニックホームズ㈱）
事 業 期 間	設計・建設　　　：2017年8月〜2020年9月 維持管理・運営：2020年10月〜2050年9月 　　　　　　　　（民間付帯施設は，2070年9月まで）
施 設 規 模	公共施設等：約23,411m²，学生寮300室，教職員宿舎400室 民間付帯施設（賃貸住宅，サービス付き高齢者向住宅，医療施設，飲食，教育事業など）※代表企業が実施
事 業 費	契約金額：約113億円（税抜）

（出所：大阪大学資料等より当社作成）

③　大阪大学グローバルビレッジ箕面船場

　北大阪急行電鉄南北線が延伸され箕面船場駅が新設されるにあたり，大阪大学は，箕面キャンパス（外語学部など）を駅前の再開発地区（土地区画整理事業）に移転することとなりました。本事業は，新キャンパスの校舎隣接地に留学生と日本人学生が日常的に交流する混在型学生寮をPFI手法によって整備し，維持管理・運営業務を実施するものです。

　本事業は独立採算型の事業で，民間事業者は，家賃収入などにより施設整備費，維持管理・運営費を回収します（ただし，大学から一定水準の入居保証が付与されています）。また，同一の街区に整備される箕面市の文化交流施設（ホール等）および図書館との相乗効果も期待されています。

図表2-3-6 事業概要

事 業 名	大阪大学箕面新キャンパス学寮施設整備運営事業
発 注 者	国立大学法人大阪大学
受 注 者	PFI阪大箕面コ・クリエーションハウス㈱ (代表企業：パナソニックホームズ㈱)
事 業 期 間	設計・建設　　　：2018年7月～2021年2月 維持管理・運営：2021年3月～2061年3月
施 設 規 模	延床面積：約10,408m^2，学寮320室 民間付帯施設：賃貸住宅24室，店舗（物販飲食）
事 業 費	約43億円（税抜）

（出所：大阪大学資料等より当社作成）

④ 国際教養大学新学生宿舎

　国際教養大学は，グローバルに活躍できる人材の育成を目的として，秋田県が2004年に開設した公立大学です。秋田県内をはじめ全国から集まった優秀な学生と留学生が共同生活するなかでともに学ぶほか，日本人学生には1年以上の海外留学が必須となっています。本事業は，学生数の増加などに対応するため新たな学生寮施設をキャンパス内に建設するもので，PFI手法（BTO方式）によって実施されており，地元秋田県の㈱沢木組が設立したSPCが事業者となっています。

図表2-3-7 事業概要

事 業 名	国際教養大学新学生宿舎整備事業
発 注 者	公立大学法人国際教養大学
受 注 者	椿台フォレストヴィレッジ㈱（代表企業：㈱沢木組）
事 業 期 間	設計・建設　　　：2020年4月～2022年3月 維持管理・運営：2022年4月～2047年3月
施 設 規 模	延床面積：約5,969m^2，学生居室252室（1ユニット12室×21ユニット） ※ユニット…小ユニット部（各6室，共用の浴室，トイレ，洗面所）2カ所と共用のLDKからなる
事 業 費	落札金額：約22億円（税込）

（出所：国際教養大学資料等より当社作成）

第4節　事務庁舎

(1)　庁舎整備の事業手法

　市役所などの事務庁舎は，地方自治体が所有する公共施設の中でも規模が大きく，地域にとって象徴的な意味を持つ施設です。戦後から高度成長期にかけて整備された庁舎の多くは，老朽化が進み職員や来庁者にとって使い勝手が悪いだけでなく，耐震性や水害対策等に問題があり，自然災害が発生した場合，災害対応拠点としての機能にも支障が生じることが懸念されています。そのため，多くの地方自治体で庁舎の建替え，移転，集約などが検討されています。

　国の事務庁舎の整備事業（建替え，集約等）においては，PFI手法が基本となっています。一方で，地方自治体では，事業手法の選択にあたっては，従来手法（公共工事）が用いられる事例が多くなっていますが，改めて，庁舎整備における公民連携手法導入のメリットを整理すると以下のとおりです。

①　定量的な効果（VFM（バリューフォーマネー））

　「事務庁舎の案件は，建設と維持管理が中心であり，民間による運営の部分が少ないので，PFI手法を採用してもVFMは小さい」という考え方が一部にあります。しかし，2016年3月末時点における内閣府の調査によると，事務庁舎関連PFI事業28件の平均値で，特定事業選定時のVFMが6.2％，事業者選定時のVFMが18.2％となっています。入札プロセスを経た後にVFMが大きく上昇している理由は，競争によりコスト削減が図られたことに加え，工法，工事の順序，工期などについても民間の創意工夫が活かされたことも重要なポイントとして挙げられます。庁舎の整備は，多くの地方自治体にとって，他の公共施設に比して多額の費用を要する事業です。したがって，わずか1％のVFMであっても，絶対額でみれば大きな財政負担削減効果を生みます。

②　定性的な効果

　地方自治体の庁舎は，そこで働く職員に加え多くの住民が利用する施設です。

それだけに，施設の整備，維持管理・運営などそれぞれの段階で，公民連携によって多くのメリットを引き出すことが可能となります。

1）設計・建設段階でのメリット

ⅰ）設計・デザイン

　民間提案や性能発注によって，庁舎で働く職員や来庁者などにとって，より使いやすい施設とするための工夫が生まれます。国の合同庁舎においても，そこで働く職員から高い評価が得られています。

ⅱ）工事

　事業者提案による工法，工事の順序，工期などを採用することで，従来手法（公共工事）の場合に比して，工期短縮，住民など利用者への配慮，周辺環境への影響抑制などが図られ，工費の圧縮にもつながります。また，民間事業者の提案により，ユニバーサルアクセスの改善，再生可能エネルギーの導入，省エネルギー（断熱，緑化，省エネルギー機器）の推進，雨水・中水の利用など，民間建築で取り入れられている技術を積極的に導入することが可能となります。

ⅲ）民間収益施設との合築等

　都心部など立地条件が良い場所では，公共施設の高層化によって生まれる余剰地や余剰容積率を，民間収益施設として活用することで，財政負担削減が図られます。

2）維持管理段階でのメリット

ⅰ）計画的な修繕・メンテナンス

　一般の公共施設の場合，「壊れたら予算をとって修理すればよい」という発想になりがちで，結果的に手遅れとなり，より多くのコストがかかってしまうこともあります。PFI事業では，民間による定期的，計画的な維持補修，修繕によって，新築時の良好な状態を長く維持することができ，結果として，ライフサイクルコストが低減します。

ⅱ）公共側の発注事務負担の軽減

　庁舎の建替えに際しては，建物本体だけでなく，膨大な数の備品や器具についても発注事務が必要となりますが，PFI手法の場合には，民間事業者がその

事務の相当部分を担うことで公共側担当者の事務が大幅に軽減されます。

ⅲ）維持管理期間における業務の安定性

　清掃やメンテナンスなど業務委託先において，何らかの事情で業務が継続できなくなる事態は起こりえます。特に，従来手法（公共工事）の分割発注・仕様発注で入札を行う場合には，入札価格によって委託先が決まるため，「安かろう，悪かろう」に陥り，業務の不安定化につながるおそれもあります。PFI手法や包括的民間委託では，SPCの代表企業や維持管理業務の中心を担う企業が責任を持って委託先を選定するとともに，その業務を管理し，万一の際には速やかに別の企業に交代させることができます。

3）住民利用施設との複合化

　事務庁舎にその他の公共施設や民間施設を併設することで，住民にとっての利便性が格段に向上します。ホール，会議室，集会室，研修室，展示室など住民の交流を促進する施設，都市公園，展望施設（中高層建築の場合），来庁者や近隣住民も使える飲食・物販施設などが，複合化される施設の代表的なものです。

　また，これらの住民利用施設の運営に，地元の住民が参加する仕組みを導入することで，これらの施設がより一層活用され，周辺への経済波及効果も生み出されることとなります。

⑵　公民連携の事例

　事務庁舎の分野における公民連携の事例として，①住民参加により住民利用施設の運営を行っている長岡市シティホールプラザ，②定期借地権の活用により財政負担なしで区役所と公会堂の建替えを実現した渋谷区役所建替プロジェクト，③民間事業者の創意工夫によって円滑な工事を実施した横浜市瀬谷区総合庁舎，④国の地方合同庁舎の事例として大津地方合同庁舎を紹介します。

①　長岡市シティーホールプラザ（アオーレ長岡）

　シティーホールプラザ「アオーレ長岡」は，新潟県長岡市が長岡駅前の旧長岡市厚生会館の跡地に整備した複合施設で，ナカドマ（屋根付き広場）を中心に，市役所・市議会場，アリーナ，市民交流ホール，シアターなどから構成さ

れています。2012年4月にオープン後，その名称（アオーレ＝「会いましょう」）のとおり多くの市民に親しまれるとともに，中心市街地の活性化にも寄与しています。隈研吾建築都市設計事務所の設計によるユニークな施設構成だけでなく，運営段階における市民協働についても自治体関係者などから高い関心を集めており，全国からの視察者が絶えません。

図表2-4-1　施設外観およびイベント（高校生ラーメン選手権）の模様

（出所：長岡市資料）

　本施設の整備前，長岡市は，旧市役所本庁舎の耐震不足，市役所機能の分散，中心市街地の衰退などの課題を抱えており，旧長岡市厚生会館も老朽化により建替えが必要な状況でした。これらの課題に対応するため，長岡市は，計画段階から市民と連携し，「公と民のモザイク（行政と市民の活動が市松模様のように混ざり合う）」を基本コンセプトとして，検討を繰り返し複合施設の計画を練り上げていきました。

　本事業の特徴として，計画段階からワークショップ等を数多く開催し市民の意見を反映したことに加え，建設資金の一部に充てるための市民債の発行（2010年度10億円，2011年度15億円），まちづくり関係者など市民で構成されるNPO法人ながおか未来創造ネットワークによる運営が挙げられます。市民の積極的な参加によって子供から高齢者までさまざまな市民が参加するイベントが数多く開催され，ナカドマやアリーナは高い稼働率となっており，中心市街地の店舗数が増加するなど中心市街地の活性化にも波及効果が表れています。

図表２－４－２　事業概要

整備主体	長岡市（新潟県）
運営主体	NPO法人ながおか未来創造ネットワーク（市民利用スペースの運営，イベントの企画立案など）
開　　業	2012年４月
施設規模	延床面積：約35,530m^2，地上４階地下１階 市庁舎，市議会場，アリーナ，市民交流ホール，シアター，駐車場，屋根付き広場（ナカドマ）

（出所：長岡市資料等より当社作成）

②　渋谷区役所建替プロジェクト

　東京都渋谷区は，老朽化した区役所庁舎（総合庁舎および公会堂）の建替えに際し，その敷地の一部について区が定期借地権を事業者に対して設定し，民間事業者はその対価（評価額211億円）として，民間事業者が整備する新総合庁舎等をもって充当する事業方式を採用しました。これにより，渋谷区は施設建設費の負担をせずに庁舎等の建替えを行うことができ，民間事業者は定期借地権を設定した区域に約500戸の高層分譲マンションを建設しました。立地条件が良く，地価が高い場所では，同様のスキームで公共施設整備を行う事例も見られます。

　本事業のスキームの概要は以下のとおりです。

- 渋谷区は，公募により事業者（三井不動産㈱，三井不動産レジデンシャル㈱，日本設計㈱）を選定。
- 渋谷区は，新総合庁舎等の着工から区への所有権移転までの間，新総合庁舎等の整備用地を無償で民間事業者に貸付け。民間施設（分譲住宅）の敷地については70年間の定期借地権を設定。
- 民間事業者は，新総合庁舎等の整備（設計，工事監理，建設工事等）および民間施設の分譲（設計，工事監理，建設工事，販売等）を行う。
- 民間事業者は，竣工時に新総合庁舎等の建物の所有権を渋谷区に移転。
- 分譲住宅について，事業者は，本件定期借地権の借地期間満了までに，民間施設の居住者を退去させるとともに除却を行い，区に敷地を更地で返還する。

図表2－4－3　施設概要

	新総合庁舎・公会堂	分譲マンション
建 築 主	三井不動産レジデンシャル㈱	
工 期	2016年9月〜2019年5月	2017年3月〜2020年9月
建築面積	約4,486m²	1,690m²
階 数	地上15階地下2階	地上39階地下4階
延床面積	約42,000m²	約61,500m²（総戸数505戸）

（出所：渋谷区資料より当社作成）

図表2－4－4　新総合庁舎の外観および公会堂の内観

（出所：渋谷区HP，渋谷公会堂HP）

③　横浜市瀬谷区総合庁舎および二ツ橋公園

　横浜市の瀬谷区役所建替事業は，公会堂や隣接する公園と区役所庁舎を一体的に整備した事例で，民間事業者からの提案により，工事期間中も公会堂の利用を可能とし，また，庁舎内外の動線も利用者目線で改善されるなど，優れたPFI案件として知られています。

　旧区役所庁舎は耐震基準に適合しておらず職員の執務スペースも不足しており，隣接する二ツ橋公園も老朽化しバリアフリー対応がなされていなかったため，横浜市は，区役所庁舎と公園をPFI手法によって一体的に再整備することとしました。横浜市の検討段階では，既存建物を解体した後，仮設の公会堂代

替施設を設置して建替期間中に使用することを想定していました。一方，民間事業者からは，既存の公会堂の使用を継続しながら新たな公会堂部分を先に建設する案が提案されました。これによって公会堂閉鎖期間がなくなるとともに，仮設の公会堂の建設・撤去も不要となり，工期短縮やコスト削減が実現しています。

図表2－4－5　横浜市瀬谷区総合庁舎

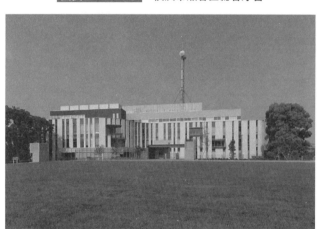

（出所：国土交通省「PPP/PFI事業・推進方策　事例集」）

図表2－4－6　事業概要

事　業　名	横浜市瀬谷区総合庁舎及び二ツ橋公園整備事業
発　注　者	横浜市（神奈川県）
受　注　者	グリーンファシリティーズ瀬谷㈱（代表企業：大和リース㈱）
事 業 期 間	2008年12月～2026年3月
施 設 規 模	庁舎延床面積：約15,000m² 区役所，公会堂，消防署，公園，駐車場，民間施設（食堂，売店）
事　業　費	契約金額：約109億円（税込），事業者選定時VFM：9.1％

（出所：国土交通省「PPP/PFI事業・推進方策事例集」等より当社作成）

④　大津地方合同庁舎（大津びわ湖合同庁舎）

　国による事務庁舎の整備手法においては，東京霞が関の中央合同庁舎はもとより，全国各地にある地方合同庁舎でも，PFI手法が定着しています。近年，大阪第6地方合同庁舎に続き，横浜地方合同庁舎，名古屋第4地方合同庁舎においてもPFI手法で事業が実施されています。大津びわ湖合同庁舎は，大津市内に分散していた国の出先機関を統合したもので，庁舎で働く職員にとっての重要な機能性の確保や省エネルギー技術などの面でも，民間事業者の創意工夫が活かされています。また，周辺地域の景観との調和や免震構造による安全性にも配慮された合同庁舎となっています。

図表2－4－7　事業概要

事 業 名	大津地方合同庁舎整備等事業
発 注 者	国土交通省近畿地方整備局および財務省近畿財務局
受 注 者	PFI大津地方合同庁舎㈱（代表企業：㈱大林組）
事 業 期 間	2009年3月～2022年3月
施 設 規 模	延床面積：（庁舎）約19,500m^2，（駐車場）約3,200m^2 国の庁舎（9官署）
事 業 費	落札金額：約84億円

（出所：㈱大林組資料，日本PFI・PPP協会資料等より当社作成）

図表2－4－8　施設外観

（出所：国土交通省HP）

第5節　消防，警察施設

　消防署や警察署などの施設は，整備や維持管理において公民連携の対象とはなりにくいイメージがあります。しかし，これらの分野でもPFI手法などによって整備された施設があり，財政負担軽減や施設維持管理レベル向上等に効果を発揮してきました。また，都市部にある警察署や消防署の移転，建替え等に際しては，跡地や余剰地の有効活用により，財政負担軽減を図ることができます。

(1)　PFI手法

　本節では，消防署の事例として宮城県石巻地区広域行政事務組合の消防本部移転事業，警察署の建替えと同時に民間収益施設を整備した東京都渋谷区の神宮前一丁目民活再生プロジェクト，17カ所の駐在所（交番）を一括して建替えた徳島県警察駐在所整備等PFI事業を紹介します。

①　石巻地区広域行政事務組合消防本部（石巻消防署併設）庁舎

　石巻地区広域行政事務組合の組合消防は，宮城県の北東部の石巻市，東松島市，女川町の2市1町で構成されています。その中心となる消防本部と併設される石巻消防署の移転整備にあたり，PFI手法が採用されました。

図表2−5−1　事業概要

事 業 名	石巻地区広域行政事務組合消防本部（石巻消防署併設）庁舎移転整備事業
発 注 者	石巻地区広域行政事務組合
受 注 者	㈱PFI石巻（代表企業：若築建設㈱）
事業期間	設計・建設：2006年1月〜2007年3月 維持管理　：2007年4月〜2027年3月
施設規模	延床面積：（庁舎）3,811.75m^2，（車庫）335.21m^2，（訓練棟）477.60m^2
事 業 費	落札価格：約2,930百万円

（出所：石巻地区広域行政事務組合資料等より当社作成）

　民間事業者からの提案は,「全般的にゆとりのある施設計画であるとともに,事業期間を通じて効果的な維持管理計画」であると評価されています。また,財政負担軽減の点でも大きな効果が見られました(VFM:33.8%)。

図表2-5-2　**消防本部・石巻消防署外観**

(出所:石巻地区広域行政事務組合消防本部HP)

②　原宿警察署(神宮前一丁目民活再生プロジェクト)

　本事業は,PFI手法(BTO方式)を活用して,老朽,狭隘化した警察施設(原宿警察署および単身待機宿舎)を移転・改築するとともに,余剰地に商業・居住等の機能を有する民間施設を整備し,地域活性化を図る事業です。民間事業者は,警察施設を設計・建設した後,都に施設の所有権を移転し,事業期間中の維持管理および運営業務の一部を行います。また,民間事業者は,事業用地内で利用可能な用地を活用し,PFI付帯事業としてみずからの収益に資する民間施設(オフィス・商業棟および分譲住宅等)を整備・運営します。民間施設用地は,事業期間50年(施設完成後)の定期借地権が設定されています。

　このプロジェクトは,都心に残された広大な公有地を活用し,一団地認定制度を活用して建築規制を緩和し,公共施設と民間施設を効率的に配置するとともに,樹木約120本などを保存・活用しながら,施設整備を行うことにより,周辺環境との調和を図り,都心エリアに憩いと潤いの場を創出しています。ま

た，保全緑地は，非常時における避難広場の機能も有し，建物内に設置された防災倉庫と合わせて地域の防災拠点となります。

図表２－５－３　事業概要

事 業 名	神宮前一丁目民活再生プロジェクト
発 注 者	東京都
受 注 者	㈱原宿の杜守（代表企業：東電不動産㈱）
事業期間	（警察施設）設計・建設：2005年12月〜2009年3月 　　　　　　維持管理　：2009年4月〜2024年3月 （民間施設）定期借地権：2006年度〜2060年度
施設規模	敷地面積：約24,200m² 延床面積：警察施設（警察署，単身待機宿舎）：24,997m²，オフィス・商業施設：約10,560m²，分譲住宅等：約47,632m²（住宅385戸，店舗3区画）
事 業 費	契約金額：約5,723百万円（税込）

（出所：東京都，三井不動産㈱資料より当社作成）

図表２－５－４　施設配置

（出所：三井不動産㈱資料）

③　徳島県警察駐在所の一括整備

　交番のように小規模な施設が数多く存在し，それらの施設の建替えなどを行

う場合，一定数の施設を一括して事業化することで公民連携手法を活用しやすくなります。徳島県では，県内17カ所の駐在所の解体，設計・建設および維持管理について，PFI手法を用いて一括して発注しました。

　徳島県は，本事業の実施においてPFI手法の採用により財政負担を大幅に削減（VFM：23.7%）するとともに，発注にかかる事務負担を軽減することができました。

図表2－5－5　事業概要

事　業　名	徳島県警察駐在所整備等PFI事業
発　注　者	徳島県
受　注　者	積和不動産中国㈱（現　積水ハウス不動産中国四国㈱），積水ハウス㈱東四国支店
事業期間	2018年10月～2049年3月
施設規模	県内の駐在所17カ所
事　業　費	契約金額：約880百万円（税込）

（出所：徳島県資料等より当社作成）

図表2－5－6　鳴門町高島駐在所の外観イメージ

（出所：徳島県警察駐在所整備等PFI事業審査講評）

　警察関連の施設では，運転免許センターの整備においてもPFI手法が用いられています。これまで，神奈川県，広島県および静岡県においてPFI事業の事例があります。

第6節　公営住宅

　公営住宅は高度経済成長期に整備されたものが多く，老朽化の進展が著しいだけでなく，耐震性能不足やバリアフリー未対応，エレベーター未設置などのさまざまな課題を抱えており，入居者の安全確保や生活環境改善のため，計画的なストックマネジメントに基づく，早期の建替えや修繕が求められています。

　また，近年では，少子高齢化や人口減少の進展に伴い，公営住宅の集約化・複合化や移住・定住促進のための公営住宅の再整備に際して，公民連携手法，特にPFI手法が活用されています。

　このうち，本節では，12カ所の公営住宅を３カ所に集約化するとともに，余剰地に福祉施設を併設し，近隣住民の利便性を向上させた，徳島県の「徳島県営住宅集約化PFI事業」の事例や，国の地域優良賃貸住宅制度とPFI手法を併用して，人口減少を抑制している，佐賀県みやき町の「みやき町定住促進PFI事業」および茨城県境町の「境地区定住促進住宅整備事業」「境町定住促進戸建住宅整備事業」を紹介します。

(1)　PFI手法

① 徳島県県営住宅

　徳島県では，現行の耐震基準を満たさない県営住宅の耐震化，住宅政策としての県営住宅の果たすべき役割等を審議するため，「県営住宅耐震性確保策等検討委員会」を設置し，検討が行われました。同委員会の報告の中で，「厳しい財政状況のもと，民間活力を活用し，コストを縮減する」との方針が示され，導入可能性調査で導入効果が見込まれることが確認できたため，県では，県営住宅集約化事業へのPFI手法（BOT方式，混合型）の導入を決定しました。

　徳島県営住宅集約化PFI事業は，徳島市内に点在する12団地36棟645戸（入居戸数370戸）の県営住宅を３団地３棟300戸に集約化したうえで，あわせて，集約化で生じた余剰地への福祉・利便施設等の併設（独立採算）による地域サービスの向上や津波避難ビル機能の付加による地域の防災機能の向上を目的とする事業で，公営住宅を対象としたPFI事業としては，全国で初めてBOT方

式を採用しました。事業化にあたって，3団地を一括で事業化することによる事業規模の拡大，独立採算事業として，公営住宅との親和性の高い福祉施設を指定し，土地貸付料水準を抑制したことにより，民間事業者の参画意欲を向上させる工夫をしています。

　PFI手法の導入効果としては，民間提案により，サービス付き高齢者向け住宅や医療・介護支援サービス施設の併設が提案され，高齢者が多い入居者や近隣住民の利便性が向上しただけでなく，地域コミュニティの形成にも寄与することや，万代町団地の建替工期が大幅に短縮（要求水準より約1年前倒し）され，県は早期に家賃収入を得ることができたこと，総事業費の約8割を県内企業へ発注する提案により地域経済の活性化に寄与すること，および，県の財政負担が大幅に軽減されたこと（事業者選定時VFM：30.0%）などが効果として挙げられます。

図表2−6−1　**施設外観（左から名東（東）団地，万代町団地および津田松原団地）**

（出所：徳島県資料）

図表2－6－2 事業概要

事 業 名	徳島県県営住宅集約化PFI事業
発 注 者	徳島県
受 注 者	徳島県営住宅PFI㈱（代表企業：㈱大林組）
事業期間	〈設計・建設〉 名東（東）：2013年4月～2015年1月 万代町　　：2013年4月～2016年1月 津田松原　：2013年4月～2015年3月 〈維持管理・運営〉 名東（東）：2015年1月～2034年3月 万代町　　：2014年12月～2034年3月 津田松原　：2015年3月～2034年3月
施設規模	〈名東（東）団地〉 敷地面積：5,399m²，延床面積：約4,400m²，RC造8階建 • 県営住宅88戸，サービス付き高齢者向け住宅16戸および小規模多機能型居宅介護事業所 〈万代町団地〉 敷地面積：8,739m²，延床面積：約5,600m²，RC造8階建 • 県営住宅112戸，サービス付き高齢者向け住宅45戸，小規模多機能型居宅介護事業所，短期入所生活介護事業所および無床診療所 〈津田松原団地〉 敷地面積：6,776m²，延床面積：約6,200m²，RC造8階建 • 県営住宅100戸，障害者生活支援センター，居宅介護支援事業所および訪問介護事業所（高齢者・障害者）
事 業 費	落札金額：約5,547百万円（税込）

（出所：徳島県資料，内閣府資料等より当社作成）

② みやき町定住促進住宅

　みやき町は，人口約2万5千人を有する，佐賀県東部の三養基郡に属し，佐賀市の東約20km，福岡市の南約30kmの場所に位置する町です。

　みやき町は，2005年の合併当時の人口が約2万7千人でしたが，2040年には2万人を下回るという人口推計が国立社会保障・人口問題研究所により公表されています。これを受け，町は2013年2月に「みやき町定住総合対策基本計画」を策定するとともに，「みやき町定住総合対策事業」において，「住宅支援」「子育て支援」「健康づくり支援」「女性活動・町民協働支援」「教育支援」「防災対策」「安全安心まちづくり支援」を重点事項として位置付けています。

　このうちの「住宅支援」においては，国の地域優良賃貸住宅制度における社会資本整備総合交付金による支援（建設費の45％補助）を活用するだけでなく，民間活力の導入のためPFI手法（BTO方式，サービス購入型）を導入して，実質財政負担ゼロ事業スキーム（社会資本整備総合交付金および家賃収入で建設費を回収）で，多くの公営住宅を整備することにより，2013年度から2年連続で転入超過を達成しており，人口減少抑制に一定の効果が出てきています。

図表2－6－3　施設外観イメージ（①および④）

（出所：みやき町HP）

図表２－６－４　事業概要

事 業 名	① ショッピングセンターマイン用地における定住促進住宅整備事業 ② 三根庁舎南東用地定住促進住宅整備事業 ③ 三根庁舎西南用地定住促進住宅整備事業 ④ 中原庁舎西南用地定住促進住宅整備事業 ⑤ 三根庁舎南集落内戸建て定住促進住宅整備事業 ⑥ みやき町戸建て定住促進住宅整備事業【No.2】
発 注 者	みやき町（佐賀県）
受 注 者	① ㈱三根定住促進（代表企業：㈱栗山建設） ② ㈱南東定住促進（代表企業：㈱九州PFIクリエイト） ③ ㈱新町定住促進（代表企業：㈱九州PFIクリエイト） ④ ㈱中原定住促進（代表企業：㈱九州PFIクリエイト） ⑤ ㈱戸建定住促進（代表企業：㈱九州PFIクリエイト） ⑥ ㈱みやき21（代表企業：㈱九州PFIクリエイト）
事 業 期 間	① 設計・建設：2013年度，維持管理・運営：2014年度～2043年度 ② 設計・建設：2014年度，維持管理・運営：2015年度～2044年度 ③ 設計・建設：2015年度，維持管理・運営：2016年度～2045年度 ④ 設計・建設：2017年度，維持管理・運営：2018年度～2047年度 ⑤ 設計・建設：2017年度，維持管理・運営：2018年度～2042年度 ⑥ 設計・建設：2019年度，維持管理・運営：2020年度～2045年度
施 設 規 模	① 敷地面積：約2,252m^2，延床面積：約1,943m^2，RC造5階建1棟（住居24戸，コミュニティルーム1室） ② 敷地面積：2,500m^2，延床面積：約1,843m^2，RC造5階建1棟（住居24戸，コミュニティルーム1室） ③ 延床面積：約3,887m^2，RC造5階建3棟（住居59戸，駐車場125台，駐輪場59台） ④ 敷地面積：約5,281m^2，RC造5階建2棟（住居45戸） ⑤ 敷地面積：356m^2（江見A），約429m^2（江見B），1,036m^2（本分A），木造2階建10棟（住居10戸，駐車場20台） ⑥ 敷地面積：約697m^2（本分B），1,108m^2（江見C），約907m^2（西大島A），約2,399m^2（姫方A），木造2階建21棟（住居21戸，駐車場42台）
事 業 費	① 落札金額：約565百万円（税込） ② 落札金額：約606百万円（税込） ③ 落札金額：約1,344百万円（税込） ④ 落札金額：約972百万円（税込） ⑤ 落札金額：約202百万円（税込） ⑥ 落札金額：約458百万円（税込）

（出所：みやき町資料より当社作成）

③　境地区定住促進住宅

　境町は，人口約2万4千人を有する，茨城県西南部，利根川と江戸川の分岐点に位置し，江戸時代は水運の拠点として栄えた町です。

　境町においても，1994年の約2万7千人をピークに町の人口は減少に転じており，人口減少に伴う地域活力の維持は非常に大きな課題となっていました。こうした課題に対応するため，民間ノウハウによる質の高いサービスの導入や財政負担平準化を図りつつ，子育て世代を主軸とした中堅所得者向け定住促進住宅をPFI手法（BTO方式，サービス購入型）により整備することを決定し，「境地区定住促進住宅整備事業」（第1期～第4期）を実施しました。

　本事業は，前出のみやき町の事例と同様に，国の地域優良賃貸住宅制度における社会資本整備総合交付金による支援（建設費の45％補助）を活用し，土地取得費を除き，実質財政負担ゼロ事業スキーム（社会資本整備総合交付金および家賃収入で建設費を回収）を採用しています。

　また，境町では，上記事業とは別に，DB方式により「境町定住促進戸建住宅整備事業」（第1期～第4期）を実施し，町外から移住する子育て世帯に，相場より低い家賃で町有地に戸建住宅を整備・提供するだけでなく，20年間連続して住み続ければ土地・建物を無償譲渡するという特典が付与されています（第4期については20年間と15年間の選択が可能）。

　このような定住促進住宅の整備事業以外にも，町内の小中学校で英語教育に力を入れたり，20歳までの学生の医療費助成，子育て・新婚世帯への奨励金や家賃補助等のさまざまな子育て支援メニューが用意されており，2016年度以降は転入超過基調に転じるなど，こうした施策の効果が具体的に出始めています。

図表２－６－５　施設イメージ（左上からモクセイ館，カンナ館，さくら館，ひまわり館）

（出所：境町HP）

図表２－６－６　事業概要

事 業 名	境地区定住促進住宅整備事業（第１期・第４期）
発 注 者	境町（茨城県）
受 注 者	① SAKAIスペシャルタウンワークス（代表企業：㈱新井建設工業） ② CYUWAまちづくりグループ（代表企業：中和建設㈱） ③ サクラタウン・境（代表企業：㈱篠原工務店） ④ アクティブタウンさかい（代表企業：㈱新井建設工業）
事業期間	① 設計・建設：2017年度，維持管理・運営：2018年度〜2048年度 ② 設計・建設：2018年度，維持管理・運営：2019年度〜2049年度 ③ 設計・建設：2019年度，維持管理・運営：2020年度〜2049年度 ④ 設計・建設：2020年度，維持管理・運営：2020年度〜2050年度
施設規模	① モクセイ館 敷地面積：5,191m²，延床面積：2,818m²，RC造３階建２棟（住居35戸，コミュニティルーム，駐車場） ② カンナ館 敷地面積：3,120m²，延床面積：1,538m²，RC造３階建１棟（住居20戸，児童遊園，駐車場） ③ さくら館 敷地面積：4,433m²，延床面積：2,260m²，RC造３階建２棟（住居27戸，児童遊園，駐車場） ④ ひまわり館 敷地面積：約2,800m²，RC造３階建（住居26戸，コミュニティスペース，駐車場）
事 業 費	① 落札金額：約900百万円（税込） ② 落札金額：約627百万円（税込） ③ 落札金額：約1,004百万円（税込） ④ 落札金額：約756百万円（税込）

（出所：境町HP等より当社作成）

第7節　文化・コミュニティ施設

　文化・コミュニティ施設は，老朽化・耐震性の問題から建替えが必要な施設が多い一方，人口減少・少子高齢化の影響により，今後，施設の利用ニーズ自体が変化していくことが予想されています。地方自治体においては，長期的な視点から施設の更新・集約化・統廃合等を進めており，住民サービス向上や財政負担抑制等の観点から公民連携手法の活用が検討されています。

　特に，近年では，代表的な文化・コミュニティ施設である公民館や図書館など複数の施設を別々の場所に整備するのではなく，一体的に整備する事例が多くなっています。複合化・集約化により市民の利便性が向上するだけでなく，集約化により生じた余剰地を活用して商業施設や賃貸住宅などの民間収益施設を併設することによる相乗効果によって，複合施設をまちづくりの核として位置付け，地域の振興・活性化につなげる事例も増えています。

(1)　公民館

　公民館に関する公民連携手法としては，運営面での指定管理者制度の活用が一般的ですが，施設整備を伴う場合にはPFI手法を活用するケースも増えています。

　このうち，本項では，複数の公民館，図書館，児童館等を統廃合して集約化した複合施設をPFI手法により整備・運営するとともに，集約化により生じた余剰地に事業用定期借地権を設定して行う民間収益事業も一体的に事業化した，千葉県習志野市の「習志野市公民館および中央図書館（プラッツ習志野）」の事例を紹介します。

①　習志野市公民館および中央図書館（プラッツ習志野）

　習志野市は，人口約17万人，千葉県の北西部にあり，東は千葉市，西は船橋市に接する，東京都市圏のベッドタウンとしての性格の強い都市です。

　習志野市では，1970年にまちづくりの理念として「文教住宅都市憲章」を制定し，住宅団地開発や学校施設，幼稚園・保育所，公民館等の公共施設の整備

を推進しました。しかし，近年，こうした施設の老朽化がまちづくりの課題となっており，過去の公共施設に対する投資額を基準にすると，老朽化した公共施設のうち４割程度しか更新できないという市の試算が示されたこともあり，京成大久保駅周辺に位置する公共施設を対象に，老朽化した公共施設の統廃合を含む，官民連携の取組みを行うこととしました。

　当該事業の具体的な内容としては，京成大久保駅周辺１km圏内にある４施設（屋敷公民館，藤崎図書館，あづまこども会館および生涯学習地区センターゆうゆう館）を，同駅前に立地する３施設（大久保公民館・市民会館，大久保図書館および勤労会館）に機能統合・廃止し，同駅に隣接する中央公園内に２つの新たな生涯学習施設をPFI手法（BTO・RO方式，混合型）により整備するものです。現状の大久保公民館・市民会館は，底地（市有地）に事業用定期借地権を設定して民間事業者に貸付け，民間付帯事業が実施され，大久保図書館は建物をリノベーションして北館（別棟）となります。また，現在，大久保公民館・市民会館南側の駐車場に，北館を新築し，公民館，図書館およびホールなどが入り，現状の勤労会館は建物をリノベーションして南館となり，体育館およびこどもスペース等が整備されます。

図表２－７－１　施設配置図および施設イメージ

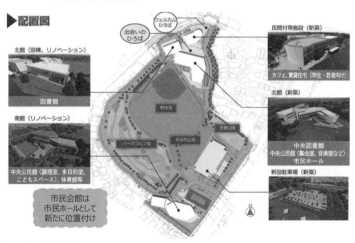

（出所：習志野市資料）

　当該事業の実施により，公共施設の利便性を向上させるとともに，都市公園の有効活用ができること，民間活力を導入した公共施設の複合化によって，施設整備と維持管理・運営のコスト削減が図られること，および生涯学習施設整備と民間付帯事業を一体的に実施することにより，多世代が交流する賑わいの場の創出と定住人口の増加が期待できることなどの効果が期待されます。

図表2-7-2　事業概要

事業名	大久保地区公共施設再生事業
発注者	習志野市（千葉県）
受注者	習志野大久保未来プロジェクト㈱（代表企業：スターツコーポレーション㈱）
事業期間	〈北館，南館〉 設計・建設　　　：2017年3月～2019年8月 開業準備　　　　：2019年9月～2019年10月 維持管理・運営：2019年11月～2039年8月 〈北館（別棟）〉 設計・建設　　　：2017年3月～2020年5月 開業準備　　　　：2020年6月 維持管理・運営：2020年7月～2039年8月
施設規模	敷地面積：約45,584m^2（PFI事業），約1,337m^2（民間付帯事業） • 北館：中央図書館，中央公民館（研修室，集会室，音楽室など）および市民ホール • 北館（別棟）：中央図書館 • 南館：中央公民館（調理室，多目的室，こどもスペースなど）および体育館等 • 民間付帯施設：カフェおよび賃貸住宅（学生・若者向け）
事業費	契約金額：約7,236百万円（税込）

（出所：習志野市HP等より当社作成）

(2)　図書館

　図書館に関しても，近年，施設の複合化に際して公民連携手法を導入するケースが増えてきています。このうち，本項では，事業用定期借地権を設定した市有地を民間に貸付け，民設民営の施設の一部を賃借して，図書館と商業施設を複合化した，静岡県藤枝市の「藤枝市立図書館（駅南図書館）」の事例と，PFI手法と事業用定期借地権方式を併用し，図書館・ホールと商業施設とを複

合化して中心市街地の活性化を目指した愛知県安城市の「安城市図書情報館」
の事例を紹介します。

①　藤枝市立図書館（駅南図書館）

　藤枝市は，人口約14万人を有する，静岡県中部に位置する都市です。

　藤枝市では，2009年6月の「富士山静岡空港」の開港に向け，藤枝駅周辺を
「志太・榛原広域都市圏の玄関口」と位置付け，中核都市の中心市街地にふさ
わしい「にぎわい創出」と「都市機能高度化」を目指し，さまざまな検討を
行っていました。そうした検討の一環として，JR藤枝駅南口の市立病院跡地
を活用し，住民からの要望の多かった新図書館を整備するとともに，駅前の立
地を生かしたにぎわい創出の相乗効果を生み出すため，事業用定期借地権を活
用して図書館と民間収益施設の複合施設を整備することを決定しました。

　事業スキームとしては，市有地に市が20年間の事業用定期借地権を設定し，
民間事業者が図書館を含む官民複合商業施設を整備・所有する一方で，市は民
間事業者から公共施設（図書館部分）を賃借する事業手法になっています。市
が民間事業者に支払う賃料は，公共施設整備費相当額となっており，民間事業
者は，地代，所有施設に係る固定資産税・都市計画税を市に対して支払います。

　このような手法を活用したことにより，早期の施設整備が可能となったこと，
財政負担の軽減・平準化（市単独で事業を実施した場合に比べて，市負担は
1/3～1/2程度に抑制）および藤枝駅周辺のにぎわい創出（前面道路の歩行者通
行量が約4割増加等）などが主な導入効果として表れています。

図表2－7－3　**施設外観および市立図書館内観**

（出所：藤枝市HP，藤枝市立図書館HP）

図表2－7－4　事業概要

事 業 名	藤枝駅周辺にぎわい再生拠点施設整備事業
発 注 者	藤枝市（静岡県）
受 注 者	大和リース㈱
事業期間	定期借地権存続期間：2009年2月～2029年2月
施設規模	敷地面積：約10,980m²，延床面積：29,323m²（図書館：約3,300m²），S造地上5階建（商業棟），S造5層6段（駐車場棟） ・公共施設：図書館（収蔵能力30万冊） ・商業施設：商業店舗，シネマコンプレックス，駐車場（474台）および駐輪場（183台）
事 業 費	建物賃料（公共→民間）：約2,100百万円（20年間） 地代（民間→公共）：約850百万円（20年間） 固定資産税・都市計画税：約800百万円（20年間）

（出所：藤枝市HP，国土交通省資料等より当社作成）

② 安城市図書情報館

　安城市は，人口約19万人を有し，自動車工業を中心とする機械工業が盛んな，愛知県中部の西三河地方に位置する都市です。

　安城市中心市街地拠点整備事業は，JR安城駅徒歩4分の市有地において，複合公共施設（情報拠点施設（図書館，多目的ホール），広場・公園，自由提案施設等）の整備等をPFI手法（BTO方式）で，民間施設（提案施設，駐車場）の整備等を事業用定期借地権方式で一体的に実施するものです。

　JR安城駅を中心とする中心市街地では，大規模商業施設の郊外立地，人口減少，高齢化の進行および安城厚生病院の郊外移転（移転後に跡地を市が買取り）に伴う駅前商店街の空洞化等により，まちの賑わい，活気が失われ，中心市街地の活性化が課題になっていたことに加え，市の中央図書館機能を有する図書情報館の老朽化や狭隘化が課題となっていました。こうした課題を一体的に解決するため，図書情報館を中心市街地に移転・再配置し，情報と図書の拠点としての機能の拡充を図り，市民ニーズの高かった多目的ホール等の新たな機能も導入して複合施設として再整備するとともに，事業用地の一部を有効活用し，民間収益事業として商業施設や駐車場の整備・運営を行うことを決定しました。

　また，事業スキーム上の工夫として，PFI手法で整備する情報拠点施設内の自由提案施設に係る行政財産貸付料約20百万円（15年）および事業用定期借地地代約330百万円（約21年）を市が受け取る，公共への還元の仕組みや，PFI事業を行うSPCとは別に民間収益事業を行うSPCの設立を求めたこと，駐車場の大部分（200台）を市が借り上げることにより，民間収益事業を行うSPCの収支を安定化させる仕組みなどが事業スキームに組み込まれています。

図表2－7－5　施設全景および本館（情報拠点施設）外観

（出所：安城市HP，アンフォーレHP）

図表2－7－6　事業概要

事 業 名	安城市中心市街地拠点整備事業
発 注 者	安城市（愛知県）
受 注 者	安城情報拠点施設サービス㈱，安城民間収益サービス㈱（代表企業：清水建設㈱）
事業期間	〈PFI事業〉 設計・建設（図書情報館）：2014年3月～2016年12月 設計・建設（広場・公園）：2016年12月～2017年4月 維持管理・運営　　　　　：2016年12月～2032年5月 〈民間収益事業〉 定期借置権存続期間　　　：2016年6月～2037年5月
施設規模	敷地面積：12,305m²，（本館：公共施設棟）延床面積：約9,193m²，S造（一部RC造）地上5階地下1階，（南館：商業施設棟）約3,042m²，S造地上2階，（駐車場棟）約6,016m²，S造4層5段

	・公共施設棟：情報拠点施設（図書情報館，多目的ホール），証明・旅券窓口センター，広場，公園，駐輪場，自由提案施設（カフェ）等 ・商業施設棟：カルチャーセンター，スーパーマーケット等 ・駐車場棟：駐車場273台
事業費	〈PFI事業〉 サービス購入料（公共→民間）：5,790百万円（税抜） 自由提案施設貸付料（民間→公共）：20百万円（1.4百万円／年） 〈民間収益事業〉 地代（民間→公共）：約330百万円（15.7百万円／年） 駐車場使用料（公共→民間）：約900百万円（45百万円／年）

（出所：安城市HP，国土交通省資料等より当社作成）

(3)　児童館

　児童館の分野における公民連携手法としても，運営面での指定管理者制度の導入が一般的ですが，科学館などの教育施設や子育て支援施設等，児童館と親和性の高い公共施設との複合化により，比較的規模の大きな施設整備を伴う場合にはPFI手法を活用するケースも増えてきています。

　このうち，本項では，運営面で指定管理者制度を導入している事例を2つ，児童遊戯施設と科学館，市民ホールを複合化した東京都足立区の「こども未来創造館」の事例と，全天候型の屋内児童遊戯施設と子育て支援施設を複合化した山形県山形市の「べにっこひろば」の事例を紹介します。

①　こども未来創造館

　足立区は，人口約68万人を有し，東京23区の北東部に位置する特別区です。

　こども未来創造館は，同館と西新井文化ホールからなる複合施設であるギャラクシティの中心施設です。ギャラクシティは，もともと都営住宅だった敷地に，都営住宅の建替えと同時に建設された施設で，当初は，足立区こども科学館と文化ホールから構成されていました。ギャラクシティは1994年3月に開館し，当初は財団法人や足立区教育委員会青少年センターにより運営されましたが，2011年から2013年にかけて行われたリニューアル工事後は，ギャラクシティの運営に民間ノウハウを活用するため指定管理者制度が導入されました。

　リニューアルでは，子供たちが遊びながら学べる体験型複合施設となるよう，既設のプラネタリウム等の施設に加え，科学の不思議や面白さを体感できるプログラムやクッキング体験が可能となる施設や，子供たちが思いっきり体を動かす体験ができるようにクライミングウォールや国内最大級のネットジム，子供の発達段階に応じた遊具などが整備され，2013年4月のリニューアルオープンから4年4カ月で，利用者数700万人を達成するとともに，「キッズデザイン賞」，「ディスプレイ産業賞」，「DSA空間デザイン賞2013」など多くの賞を受賞しています。

図表2-7-7　プラネタリウム，体験ワークショップ，クライミングウォールおよびネットジム

（出所：ギャラクシティHP）

図表2-7-8　事業概要

施 設 名	ギャラクシティ（こども未来創造館，西新井文化ホール）
発 注 者	足立区（東京都）
指定管理者	あだち未来創造ネットワーク（代表企業：㈱丹青社） みらい創造堂（代表企業：ヤオキン商事㈱，㈱協栄）
事 業 期 間	あだち未来創造ネットワーク：2013年4月〜2018年3月 みらい創造堂　　　　　　　：2018年4月〜2023年3月

施設規模	・こども未来創造館：まるちたいけんドーム（プラネタリウム），クライミングウォール，ネットジム，遊び開発工房，クッキングスタジオ，キッズルーム，親子カフェ，多目的室等 ・西新井文化ホール：902席（1階480席，2階422席）
事 業 費	指定管理料：約465百万円（2018年度），約465百万円（2019年度）

（出所：足立区HP，ギャラクシティHP等より当社作成）

②　べにっこひろば

　山形市は，人口約25万人を有する，山形県中部に位置する県庁所在地です。

　山形市には，雨天時や冬期間に子どもたちがのびのびと遊べる施設が少なく，子育て中の保護者から，乳幼児や小学生までの子どもが安全にのびのびと遊ぶことができ，子育てについての相談や，保護者が交流できる機能を持った屋内型の児童遊戯施設に対する多くの要望があり，こうした要望を受け，市は，新興住宅地として開発が進んだ市内北部に「べにっこひろば」を整備しました。

　「べにっこひろば」の施設の工夫は，対象年齢別に遊具の種類を扇状にエリア分けし，それぞれ天井の高さを階段状にすることで，体格や遊び方に応じ，子どもたちが元気に遊べるように配慮した点と，施設の構造を木造大断面構造とし，構造材のほとんどに山形市産のスギやカラマツの集成材・内外装材を使用することで，木の温かみのある施設とするだけでなく，部材の地産地消を実現している点です。

　施設整備に関しては，山形県住宅供給公社の公社立替施行制度（公社と市町村との間で協定を締結し，事業主体である市町村に代わり，公社のノウハウを活かし，工事発注から引渡し，事業資金の確保，支払事務まで一貫して市町村の代行を行う制度）を活用し，施設の維持管理・運営に関しては，指定管理者制度を活用しています。このように，公社立替施行制度と指定管理者制度を組み合わせることにより，市の財政負担の平準化（公社資金を活用し，市は公社に10年分割支払い）と運営面での民間ノウハウの活用が実現しました。

　「べにっこひろば」は，2014年12月に屋内施設，2015年7月に屋外施設がオープンし，現在でも年間25万人以上が来場する，市内の子育て支援の拠点としておおいに活用されていますが，休日を中心とした混雑解消の必要性や市全域における子育て支援機能のさらなる充実のため，市南部への児童遊戯施設整

備事業が計画され，当該事業（「山形市南部への児童遊戯施設整備事業」）は
PFI手法を活用して施設の整備，維持管理・運営が行われることとなっていま
す。

図表２−７−９ 屋内施設外観および屋内遊戯施設

（出所：山形市HP等）

図表２−７−１０ 事業概要

事 業 名	山形市児童遊戯施設整備事業
発 注 者	山形市（山形県）
受 注 者	整備：山形県すまい・まちづくり公社（山形県住宅供給公社） 指定管理者：特定非営利活動法人やまがた育児サークルランド
事業期間	設計・建設 ：2013年９月〜2015年６月 （屋内施設は2014年11月まで） 維持管理・運営：2014年12月〜 （指定期間：2017年４月〜2022年３月）
施設規模	敷地面積：約24,993m²，延床面積：約2,677m²，木造平屋建 ・屋内施設：べにっこホール（ボールプール，エアアスレチック，たんけん遊具，ラウンドトランポリン等），遊びの大ホール（体育館），子育て支援センター，絵本コーナー，休憩室，多目的ルーム等 ・屋外施設：ちゃぷちゃぷ広場（噴水），ふわふわどーむ（エア遊具），ローラーすべり台等 ・その他：駐車場（普通車200台，バス３台および障がい者用５台）
事 業 費	設計費：約40百万円，建設費：約1,012百万円

（出所：山形市HP等より当社作成）

第８節　市民ホール・音楽ホール

　市民ホール・音楽ホールは，耐震性・老朽化の問題から建替えや耐震化工事が必要な施設が多い一方，人口減少や少子高齢化等により今後の施設利用ニーズが変化していくことが予想されています。地方自治体においては，長期的な視点から施設の更新・統廃合等を進めており，公的負担の抑制，住民サービス向上の観点から公民連携手法の活用が検討されています。

　2017年３月公表の文化庁の「劇場，音楽堂等の設置・管理に関する実態調査報告書」（以下，「調査報告書」という）によると，施設整備の事業手法は，「地方公共団体直接発注」が80.6％，「再開発事業等での財産取得」が4.2％，「その他」が3.6％，「PFI事業」は0.6％（７件）となっており，施設の維持管理・運営の事業手法は，「指定管理」が61.0％，「直営」が37.9％となっています。

　調査報告書からは，施設整備と維持管理・運営を一括して民間に委ねるような公民連携手法の導入事例は少なく，維持管理・運営のみを指定管理者制度を活用して民間に委ねる手法が広く普及していることが見て取れます。

　市民ホール・音楽ホールの分野における主な公民連携手法としては，公共の関与度合いの高いものから区分すると，①一般的な民間委託，②DB方式，③指定管理者制度，④PFI手法，⑤公共施設等運営権制度（現時点では導入事例なし），⑥リース方式および⑦定期借地権方式が考えられます。

⑴　DB方式

　市民ホール・音楽ホールの施設整備手法としてDB方式が採用される場合，施設の維持管理・運営業務については，民間委託や指定管理者制度を活用して，施設整備とは別に民間に発注することが一般的です。

　このうち，本項では音楽ホールを中心に複数の公共施設を集約して複合化したケースとして，茨木市「市民会館跡地エリア整備事業」の事例を紹介します。

①　市民会館跡地エリア整備事業

　茨木市は，人口約28万人を有し，大阪府の北部，京阪神に近く，鉄道，モノ

レール，空港，高速道路等の交通環境が充実している都市です。

　元の市民会館は1969年開業の施設で，経年劣化による維持管理費の増加やバリアフリー・耐震性の問題から2015年に閉館されました。その後，跡地活用について，「市民会館100人会議」での意見をふまえ，中心市街地という立地，「医療・福祉」「子育て」「文化」などの機能の組込み，周辺施設等の複合化，全体最適化の視点から検討した結果，民間ノウハウを活用したより魅力のある施設の実現，高い品質の確保，工期短縮およびコスト削減の点から，事業手法として設計・施工一括による性能発注（DB方式）の採用を決定しています。

　また，市民会館跡地エリアの運営等については，区画を4つに分け（本事業の対象は敷地A・Bで，敷地C・Dは新たに都市公園として整備予定），敷地C・Dの整備運営や敷地A・B各施設の運営に係る公民連携の可能性について，民間事業者等から広く意見を求めるサウンディング型市場調査を実施しています。

図表2　8－1　施設全景および大ホール イメージ

（出所：茨城市HP）

図表2－8－2　事業概要

事 業 名	市民会館跡地エリア整備事業
発 注 者	茨木市（大阪府）
受 注 者	竹中工務店・伊東豊雄建築設計事務所共同企業体
事業期間	設計・建設，開業準備協力：2020年3月〜2024年3月（予定）
施設規模	・敷地A：ホール等施設（大ホール1,200席，多目的ホールほか），子育て世代包括支援センター，市民活動センター，図書館，プラネタリウムおよび外構施設（駐車場，駐輪場等） ・敷地B：大屋根，屋根付通路，芝生広場および遊具・植栽等の広場施設
事 業 費	業務費の上限価格：15,280百万円（税込）

（出所：茨城市HP等より当社作成）

(2)　指定管理者制度

　調査報告書でも示されているとおり，市民ホール・音楽ホール施設の維持管理・運営には指定管理者制度が広く活用されています。

　このうち，本項では民間が整備した施設の権利床・保留床を取得し，運営面では指定管理者制度を活用している「やまと芸術文化ホール（大和市文化創造拠点シリウス）」の事例と，施設運営・文化振興に関して周辺の３つの民間小劇場と連携して運営を行っている「三重県文化会館」の事例を紹介します。

①　やまと芸術文化ホール（大和市文化創造拠点シリウス）

　大和市（神奈川県）は，人口約24万人を有する，神奈川県のほぼ中央に位置する都市で，東京都区部や横浜市への通勤者が多いという特徴があります。

　大和市では，老朽化した生涯学習センターホールの建替えという長年の懸念事項があり，これまで検討が繰り返されてきたものの，新しい芸術文化ホールの建設には至らず，市の芸術文化振興の拠点創出が望まれていました。

　一方，大和駅東側第４地区第一種市街地再開発事業では，組合施行による再開発事業（住宅を中心とした再開発ビルを建設する事業スキーム）が着工直前になって，建設資材価格の高騰による工事費上昇や不動産市場低迷による住宅保留床取得金額の大幅下落が避けられない事態となり，再開発組合は事業計画を見直さざるを得なくなりました。

　そこで，市は，再開発事業で整備した施設の大部分を市が保留床（一部権利床）として取得する，公益施設（芸術文化ホール，図書館等）設置を中心とした事業スキーム案を再開発組合に提案し，図書館を中心とした複合施設の整備が動き出しました。再開発組合は特定業務代行方式（民間事業者の持つ資金調達能力，専門知識および保留床の処分能力等を活用し，市街地再開発事業の施行者等からの委託に基づき，建築等工事施行を含む業務の相当部分を民間事業者が代行する方式）を活用して施設を整備し，2016年11月に大和市文化創造拠点シリウスが開館しました。

　施設運営に関しては指定管理者制度を導入し，各施設のそれぞれの機能を発揮しつつ，「融合したひとつの施設」として全体で一体的にサービスを提供で

きる体制を整え，開館日・開館時間の拡大等，集客性や利便性の向上と質の高い利用者サービスの提供を両立しています。その結果，当施設は，年間利用者300万人を見込むほどの高い集客力を持った複合施設になっています。

図表2－8－3　施設外観

（出所：当社撮影）

図表2－8－4　事業概要

事 業 名	大和駅東側第4地区第一種市街地再開発事業
発 注 者	大和駅東側第4地区市街地再開発組合，大和市（神奈川県）
受 注 者	特定業務代行者：清水建設㈱・㈱佐藤総合計画共同企業体 指定管理者：やまとみらい（代表団体：㈱図書館流通センター）
事業期間	維持管理・運営：2016年11月〜2021年3月
施設規模	敷地面積：約9,378m²，延床面積：約26,003m²，SRC造（一部S造） 地上6階地下1階 芸術文化ホール（メイン1,007席・サブ272席），図書館，生涯学習センター，屋内こども広場，大和市役所連絡所，駐車場等
事 業 費	指定管理料：798百万円（2018年度），約809百万円（2019年度）

（出所：大和市HP等より当社作成）

②　三重県文化会館

　三重県文化会館は，JR・近鉄の津駅から徒歩25分程度の丘陵地帯に位置する，三重県総合文化センターの構成施設の1つです。同センターは，1994年開館で，文化会館，生涯学習センター，男女共同参画センター，県立図書館および放送大学三重学習センターによって構成される総合型文化施設です。

　同センターの施設整備は従来手法（公共工事）で実施されており，文化会館

は，開館当初から（公財）三重県文化振興事業団が維持管理・運営を受託し，2005年からは同事業団が指定管理者として管理・運営を行っています。

　三重県文化会館は，施設の維持管理・運営に関して指定管理者制度を活用するだけでなく，その事業運営に関しても独自の手法を導入しています。具体的には，演劇事業，特に小演劇の若手劇団育成に力を置き，複数の民間劇場と連携し，①限られた予算の中で全国各地の若手劇団を三重に招くこと（文化事業「Mゲキセレクション」），②演劇と観光，まちづくりを結ぶ「M-PAD」（MPA（三重パフォーミングアーツ）と3つのD（ディナー・ダイニング・デリシャス）を組み合わせた造語）の企画運営および③東京の劇団の三重移住を実現させ，三重で創作して全国・海外に発信することなど，公民が連携した試みに意欲的に取り組んでいます。

図表2−8−5　施設外観

（出所：三重県総合文化センターHP）

(3)　PFI手法

　調査報告書でも示されているとおり，市民ホール・音楽ホールの分野へのPFI手法の導入は多くはありませんが，施設整備，維持管理・運営の業務全般を一体的に事業化し，民間ノウハウ等を活用して，事業を効率的に行うことにより，地方自治体の財政負担軽減・平準化等に効果を発揮することが期待されます。

　このうち，本項では，「東大阪市文化創造館」の事例を紹介します。

①　東大阪市文化創造館

　東大阪市は，人口約49万人（大阪府第3位）を有する，大阪府の中河内地域

に位置する都市で，花園ラグビー場が立地する「ラグビーのまち」，技術力の高い中小企業が多数立地する「ものづくりのまち」として知られています。

東大阪市では，1967年に建設された市民会館および文化会館の老朽化の進行により，文化会館は2014年12月に，市民会館は2015年6月に閉鎖され，両者の機能を集約させた新市民会館を整備することとなりました。市は，新市民会館の整備，維持管理・運営を一体的に実施することで，民間の創意工夫等を活かした計画により，新市民会館に求められる役割・機能が最大限発揮されること，市の財政負担の軽減が図られることを期待し，事業手法としてPFI手法（BTO方式，混合型）の導入を決定しました。これにより，工期短縮および財政負担の軽減（事業者選定時VFM：10.2％）が導入効果として出ています。

図表2−8−6　施設外観および大ホール客席

（出所：東大阪市文化創造館HP）

図表2−8−7　事業概要

事 業 名	新市民会館整備運営事業
発 注 者	東大阪市（大阪府）
受 注 者	PFI東大阪文化創造館㈱（代表企業：㈱大林組）
事業期間	設計・建設　　　：2016年10月〜2019年6月 開業準備　　　　：2017年4月〜2019年8月 維持管理・運営：2019年9月〜2034年3月
施設規模	敷地面積：約13,977m²，延床面積：約14,163m²，地上4階地下1階 大ホール（1,501席），小ホール（300席），多目的室，音楽スタジオ，創造支援室，和室，エントランスロビー兼ギャラリー等
事 業 費	契約金額：約18,318百万円（税込）

（出所：東大阪市資料より当社作成）

⑷　リース方式

　リース方式は，民間が資金調達，施設整備を行い，公共へ施設をリースし，民間は公共から受け取るリース料により施設整備費を回収する手法です。PFI法に則った所定の手続を経るか否かという違いはありますが，経済的効果としてはPFI手法（BOO方式）に，リース期間終了後に施設の所有権が公共に移転する場合にはPFI手法（BOT方式）に非常に類似する事業手法です。

　このうち，本項では，リース方式と指定管理者制度を組み合わせた，「札幌市民ホール」の事例を紹介します。

①　札幌市民ホール

　札幌市は，人口約196万人を有する，北海道の道央地方に位置する都市です。

　札幌市民会館は，1958年の開設以来，市の文化振興の中心として活用されてきましたが，耐震強度の不足と老朽化の進行により，長期的な使用に耐えられる見込みがなかったため，2007年3月に閉館されました。札幌市民会館の後継施設の検討が進んでいましたが，1,500席規模のホールが後継施設の完成まで長期にわたり存在しない状況を回避するため，その代替施設として，旧市民会館と同規模の施設を短期間かつ低廉に確保できる点，事業者選定までの期間が短く，工事の着工が早いなどの点を考慮して，市への譲渡特約付リース方式により札幌市民ホールが整備され，2008年12月に開館しました（リース期間は2014年度末で終了し，施設は札幌市に現状有姿で無償譲渡）。ホールの維持管

図表2-8-8　施設外観および大ホール内観

（出所：札幌市民ホールHP）

理・運営には指定管理者制度が活用されており，市は，施設利用料金収入，テナント収入および施設命名権収入により，指定管理料を賄っています。

図表２−８−９　事業概要

事業名	(仮称) 市民交流複合施設基本計画
発注者	札幌市 (北海道)
受注者	大和リース㈱ (指定管理者も兼務)
事業期間	設計・建設：2007年4月〜2008年11月 リース期間：2008年12月〜2015年3月
施設規模	延床面積：6,020m², S造地上4階 大ホール (1,500席＋車いすスペース16席)，楽屋，会議室，民間収益施設 (コンビニ，旅行代理店およびカフェ) 等
事業費	建設費：約1,850百万円 (受注者が負担)，リース料：約328百万円／年，施設命名権：10百万円 (1期)・20百万円 (2期)，指定管理料 (2019年度)：約28百万円

(出所：札幌市HP等より当社作成)

(5)　定期借地権方式

　定期借地権制度を活用する事例として，本項では東京都豊島区の「豊島区立芸術文化劇場」の事例を紹介します。

①　豊島区立芸術文化劇場

　豊島区立芸術文化劇場は，東池袋の旧豊島公会堂跡地に2019年11月に開館した公立劇場です。当劇場の整備は，「豊島区現庁舎地活用事業」において，定期借地権制度を活用して民間収益施設と一体的に整備した施設で，再開発エリアHareza池袋の3棟施設の中央に位置しています（事業スキーム等については第1章第3節を参照）。当劇場の維持管理・運営に関しては，指定管理者制度や施設命名権（ネーミングライツ）の売却等の手法が活用されています。

図表２−８−10　施設概要

施設規模	敷地面積：約2,984m²，地上7階地下1階 ホール (三層1,300席)，小楽屋，中楽屋，スタッフ室，ラウンジ等

(出所：豊島区HP等より当社作成)

第9節　博物館，美術館等

　国や地方自治体は，数多くの公立博物館や美術館を有しています。地域の自然や歴史を学び，地元出身または地元にゆかりのある芸術家の作品を知り，海外の一流作品を身近に感じることができ，みずからの作品を発表する場として，これらの施設は多くの人々に親しまれてきました。文化の拠点である博物館・美術館は「地域の宝」でありながら，入館者が次第に減少するとともに，開館から数十年が経過することで設備の老朽化により維持管理コストが増加して地方自治体の負担が増すなどの課題も生じています。

　地方自治体にとって頭の痛いこのような課題の解決策の1つとして，PFI手法（コンセッション方式を含む）や指定管理者制度をはじめとする公民連携の活用が広がっています。博物館等の運営面に加え，施設新設や大規模改修においても民間活力を活用し，地域住民にとっても観光客にとっても魅力ある施設へ再生させる取組みが始まっています。

(1)　博物館の定義と現状

①　博物館とは

　博物館法による博物館の定義は「歴史，芸術，民俗，産業，自然科学等に関する資料を収集し，保管し，展示して教育的配慮の下に一般公衆の利用に供し，その教養，調査研究，レクリエーション等に資するために必要な事業を行い，あわせてこれらの資料に関する調査研究をすることを目的とする機関」です。

　文部科学省の統計（社会教育調査）では，設置主体，設置要件，登録または指定主体によって，博物館について「博物館」，「博物館に相当する施設」および「博物館類似施設」に分類されていますが，本節では，これらを合わせて博物館として考えることとします。また，対象分野としては，総合博物館，歴史博物館，美術博物館（美術館），科学博物館に加え，野外博物館，動物園，植物園，動植物園，水族館も含まれます。

②　博物館の施設数と入館者数

博物館の種類別に2002年度から2018年度までの施設数の推移は，**図表2－9－1**のとおりとなります。最も数が多い施設が地方自治体などで設置している歴史博物館で3,328館，次いで美術博物館が1,069館となっています（2018年度）。

図表2－9－1　種類別博物館数（博物館相当，類似施設を含む）

年度	総合博物館	科学博物館	歴史博物館	美術博物館	その他	合計
2002	366	444	3,091	1,034	428	5,363
2005	418	474	3,200	1,087	435	5,614
2008	429	485	3,327	1,101	433	5,775
2011	431	472	3,317	1,087	440	5,747
2015	450	449	3,302	1,064	425	5,690
2018	472	454	3,328	1,069	415	5,738

その他：野外博物館，動物園，植物園，動植物園，水族館

（出所：文部科学省社会教育調査（平成30年度）より当社作成）

次に，2001年度から2017年度にかけての入館者数の推移を，**図表2－9－2**に示しています。博物館への入館者数は増加傾向となっており，2017年度の入館者は，総数で3億人を超えています。

図表2－9－2　博物館の入館者数（博物館相当，類似施設を含む）

（単位：千人）

年度	総合博物館	科学博物館	歴史博物館	美術博物館	その他	合計
2001	15,816	33,215	78,055	50,522	91,895	269,503
2004	18,420	30,660	78,423	56,956	88,223	272,682
2007	17,068	35,085	77,389	57,256	93,073	279,871
2010	18,321	33,742	78,965	61,711	83,913	276,652
2014	19,692	35,611	78,322	54,672	91,699	279,996
2017	21,815	36,601	88,165	60,310	96,177	303,068

その他：野外博物館，動物園，植物園，動植物園，水族館

（出所：文部科学省社会教育調査（平成30年度）より当社作成）

(2)　公民連携の事例

　博物館の公民連携の手法として，最も代表的なものが指定管理者制度です。文化財団や芸術財団など自治体の外郭団体が受託する事例が多くなっていますが，新しい分野を対象とする施設や新しい技術を用いて展示を行う施設，観光施設としての性格も兼ね備えた施設などでは，民間企業が指定管理者に選ばれる事例も増加しています。

　施設の新設，増設や大規模改修などの施設整備が行われる場合には，整備後の運営方式を見直すことが重要なポイントとなります。整備後の維持管理・運営業務を見据えて，設計および建設工事を行うことができるPFI手法は，有力な選択肢の1つとなります。PFI手法のメリットは，数十年の長期契約を前提として，民間事業者に一定の裁量と収益のインセンティブを与えて創意工夫を引き出し，その結果として，利用者や地域にとって魅力ある施設整備を行い，財政負担の軽減などの効果が生まれることです。

　以下，指定管理者制度，PFI，PPPなどの手法を活用し，ユニークな施設整備や運営を行っている事例を紹介します。

①　葛飾柴又寅さん記念館・山田洋次ミュージアム

　葛飾柴又寅さん記念館・山田洋次ミュージアム（葛飾区観光文化センター）は，山田洋次監督による映画「男はつらいよ」シリーズの舞台となった東京都葛飾区柴又に葛飾区が整備した施設です。指定管理者制度を活用して民間企業による運営が行われています。

　江戸川の氾濫を防ぐために高規格堤防（スーパー堤防）建設事業が柴又地区で行われ，河川敷とスーパー堤防の法面に柴又公園が整備されました。当記念館は，スーパー堤防の下に作られたユニークな施設で，1997年11月にオープンしました。大船撮影所から移設した映画のセットに加えて，映画で使用した小道具などの展示などで映画「男はつらいよ」の世界を再現しています。併設する「山田洋次ミュージアム」は，山田洋次監督がこれまでに携わってきた数々の作品や映画づくりへの思いが14のテーマでつづられたミュージアムです。

　2014年から指定管理者制度が導入され，現在は第2期として2019年4月から

2024年 3 月まで，本施設，葛飾区柴又公園，葛飾区山本亭（和洋折衷の大正末期の建物。庭園も有名）を一体として指定管理による運営を行っています。指定管理者は，第 1 期，第 2 期とも㈱共立メンテナンスが選定されています。

図表 2 － 9 － 3　寅さん記念館外観

（出所：葛飾区役所HP）

②　神奈川県立近代美術館（葉山館）

　神奈川県立近代美術館（葉山館）は，公立美術館として初のPFI案件です（2003年10月開館）。民間事業者（伊藤忠商事㈱，戸田建設㈱などによって組成されたSPC）は，葉山館を建設・所有（注）し，美術館，駐車場，喫茶・レストラン，ミュージアムショップの運営等を行っています（学芸業務は神奈川県が担当）。海を臨む好立地で，多くの観光客が訪れる人気の美術館となっています。

図表 2 － 9 － 4　神奈川県立美術館（葉山館）より相模灘を望む

（出所：PIXTA）

図表2－9－5　事業概要

事 業 名	神奈川県立近代美術館新館等特定事業
発 注 者	神奈川県
受 注 者	㈱モマ神奈川パートナーズ（代表企業：伊藤忠商事㈱）
事 業 期 間	設計・建設　　　：2001年7月～2003年3月 維持管理・運営：2003年4月～2033年3月 （事業者は，既存の鎌倉館についても，本館は2016年3月，別館は2033年3月まで維持管理を行います）
施 設 規 模	美術館部分面積：約6,000m²，地上2階地下1階
事 業 費	入札金額：12,488百万円

（出所：神奈川県資料より当社作成）

（注）BOT方式

　民間事業者が建物などの施設を整備・所有し，運営期間終了後に公共に譲渡する事業方式です。初期のPFIの案件では，一定数のBOT方式の事例がありましたが，固定資産税等の負担を回避する点などから，最近では，建物を整備するPFI事業では，ほとんどがBTO方式となっています（第1章第1節(1)）参照）。

③　鳥取県立美術館

　鳥取県立博物館は，1972年に自然，歴史・民俗，美術の3分野を有する総合博物館として鳥取市に開館しましたが，施設の老朽化による不具合や収蔵スペースの不足が顕著となってきました。そのため，鳥取県は，美術分野を分離し，新たに整備する鳥取県立美術館（倉吉市）へ移転することとし，事業手法としてPFI手法（BTO方式）を採用しました。

　新たに整備される鳥取県立美術館では，鳥取県立博物館が蓄積した美術作品や人的ネットワーク等を着実に引き継ぐとともに，国内外の優れた美術作品の企画展示，県内美術創作者等への発表機会の場の提供，次代を担う子どもたちの想像力や創造性を育むための「美術を通じた学び」の支援等を行う予定です。また，人気アニメの作者ゆかりの地であることから，アニメなどの分野でのイベントも企画されています。

図表２－９－６　事業概要

事 業 名	鳥取県立美術館整備運営事業
発 注 者	鳥取県
受 注 者	鳥取県立美術館パートナーズ㈱（代表企業：大和リース㈱）
事 業 期 間	設計・建設　　　：2020年3月〜2024月3月 維持管理・運営：2024年3月〜2040年3月
施 設 規 模	延床面積：9,910m²
事 業 費	落札金額：約14,266百万円（税込）

（出所：鳥取県資料より当社作成）

④　三鷹市立アニメーション美術館（三鷹の森ジブリ美術館）

　東京都三鷹市の井の頭公園の一角にアニメーション映画で有名なスタジオジブリの美術館があり，国内はもとより海外からも人気を集めています。

　美術館開設にあたっては，㈱徳間書店スタジオジブリ事業本部（現㈱スタジオジブリ），三鷹市，土地を所有する東京都などの協議を経て，スタジオジブリ側の資金負担（負担付寄附（地方自治法第96条第1項），第1章第1節(7)参照）によって整備されました。

　この事業方式が採用された主な理由は下記のとおりです。

- 計画敷地が都市公園内であるため民間の施設を設置することは困難であることから，美術館は，三鷹市の「公の施設」（市立美術館）として設置されることとなったこと。
- 施設整備の資力と展示するコンテンツをスタジオジブリ側が有していたこと。
- 三鷹市はジブリが構想している内容の美術館を運営するためのノウハウを持たないことから，三鷹市と㈱徳間書店などが出捐して新たに財団法人を設立し，その財団法人が美術館の管理運営を行うこととしたこと。

　なお，美術館の建物は三鷹市の所有になることから，建物等の維持管理費の一部と修繕・補修費は基本的に三鷹市が負担しています。一方，美術館の管理運営については，三鷹市が利用料金制度を導入し，入場料などによって財団法人が独立採算で事業を行っています。美術館が開業した2001年時点では指定管理者制度がありませんでしたが，開業時点から施設の管理・運営を行っていた

徳間記念アニメーション文化財団（2011年4月に公益財団法人に移行）が2006年4月より指定管理者となっています。また，㈱マンマユート団は三鷹市から公の施設の目的外使用許可を受け，ショップやカフェの運営を行っています。

このように，美術館等を整備しようとする民間側に資力や展示するコンテンツがあり，地方自治体にも施設誘致の意向がある場合には，負担付寄附の手法は有力な選択肢の1つとなります。

図表2-9-7　事業概要

発 注 者	三鷹市（東京都）
受 注 者	管理・運営：（公財）徳間記念アニメーション文化財団 付帯事業（ショップ，カフェ等）：㈱マンマユート団
事 業 期 間	2001年10月開館
施 設 規 模	延床面積：3,500m²， センターホール，展示室，映像展示室，ショップ，カフェ，事務室，収蔵庫など
事 業 費	約50億円（設計・建設費，展示企画費，店舗開設準備費，財団設立準備費，財団法人設立他事業費など）

（出所：三鷹の森ジブリ美術館資料等より当社作成）

⑤　熊本城桜の馬場

熊本市は，熊本城が立地する都市公園内に，地域の歴史，伝統，食文化などを発信する拠点として，PFI手法とPRE活用（設置管理許可制度）を組み合わせて，観光交流施設を整備しました。

歴史文化体験施設・総合観光案内所・多目的交流施設で構成される観光交流施設（熊本城ミュージアムわくわく座）は，PFI手法（BTO方式）によって整備・運営されており，民間の豊富な経験とノウハウにより，歴史考証と遊び心が融合した質の高い歴史エンターテインメントを実現しています。隣接地には，飲食・物販施設（桜の小路）が，都市公園内における設置管理許可制度によって整備され，熊本城を訪れた国内外の旅行者などで賑わいをみせています。

2011年3月開業後，熊本地震（2016年）などを乗り越えて，熊本市の観光・交流の拠点となっています。

図表2−9−8　事業概要

発 注 者	熊本市（熊本県）	
受 注 者	熊本城観光交流サービス㈱ （代表企業：凸版印刷㈱）	熊本城桜の馬場リテール㈱
施　　設	観光交流施設（熊本城ミュージアムわくわく座）	飲食・物販施設（桜の小路）
施 設 内 容	歴史的文化体験施設，多目的交流施設（延床面積：約3,301m²）	飲食・物販施設（延床面積：2,335m²）
事 業 手 法	PFI手法（BTO方式）	PRE活用（設置管理許可制度）

（出所：熊本市資料等より当社作成）

図表2−9−9　熊本城と桜の馬場（手前）

（出所：桜の馬場城彩苑HP）

⑥　福岡市科学館

　公共施設の整備に際し，立地条件，他の施設との相乗効果，整備コストなどの点からメリットがあり，施設の所有等に関する個別法の定めがない場合には，民間が所有する建物の一部を賃借するという選択肢もあります。

　福岡市科学館は，九州旅客鉄道㈱が開発した民間複合施設の一部を福岡市が賃借し，民間事業者が科学館の内装・展示等の設計・施工および維持管理・運営業務を行っています。九州最大規模のドームシアター，多彩な展示室，体験

型学習施設などが整備されており，子供から大人まで楽しみながら学べる科学
館となっています。

図表2－9－10　事業概要

事　業　名	福岡市科学館特定事業
発　注　者	福岡市（福岡県）
受　注　者	㈱福岡サイエンス＆クリエイティブ（代表企業：㈱トータルメディア開発研究所）
事　業　期　間	設計・建設　　　：2016年3月～2017年9月 維持管理・運営：2017年10月～2032年9月
施　設　規　模	延床面積：10,150m²（民間施設の3階～6階を賃借） ドームシアター（プラネタリウム），展示，実験室，交流室など
事　業　費	契約金額：約103億円（税抜）

（出所：福岡市資料等より当社作成）

図表2－9－11　施設外観

（出所：代表企業より提供）

⑦　新江ノ島水族館

　神奈川県は，藤沢市片瀬海岸の県立湘南海岸公園内に，PFI手法によって新
たな水族館を整備し，既存の水族館であるマリンランドの展示を引き継ぐこと
としました。

　民間事業者は，新たな水族館を設計・建設して所有するとともに，独立採算で維持管理・運営を行います（BOO方式）。また，体験学習施設については，民間事業者が設計・建設し，所有権を県に移転したあと，神奈川県からのサービス購入料によって維持管理・運営を行なっています（BTO方式）。

　2004年4月に開業した水族館は，大水槽を中心に相模湾のさまざまな海の生物群集を再現展示しているほか，マリンランドから引き継いだ世界最大規模のクラゲ展示コーナーを創設，イルカなどのショープールも整備され，多くの来館者を集めています。

図表2−9−12　事業概要

事 業 名	海洋総合文化ゾーン体験学習施設等特定事業
発 注 者	神奈川県
受 注 者	㈱新江ノ島水族館（代表企業：オリックス㈱）
事 業 期 間	設計・建設　　　：契約締結□−2001年3月 維持管理・運営：2004年4月〜2034年3月
施 設 規 模	延床面積：（水族館）12,804m^2，（体験学習施設）996m^2
事 業 費	提案価格：約60億円（税抜）

（出所：神奈川県資料等より当社作成）

(3)　収益性改善の方策

　美術館や水族館の中には，民間が所有し民間事業として経営を成り立たせている施設も多くあります。民間施設の運営ノウハウを公立の施設にも導入することで，施設や周辺地域での賑わいにつなげ，運営採算を改善するためには，下記のような方策が考えられます。

〈増収策〉
・週末の開館時間延長など，運営の弾力化
・展示方法の工夫，作品の入替え，企画展の開催・誘致
・近隣や関連する美術館などとの共同イベントの開催
・近隣の観光施設と連携し来客を周遊させる取組み

- 教室やセミナーなどの積極的な開催
- 年会員制度（年間パス）導入などにより，コアとなるリピーターを確保
- SNSなども活用した情報発信と広報宣伝活動
- 寄付制度やふるさと納税の活用
- 付帯事業（ショップ，カフェなど）の充実
- ホール部分などを，コンサートやパーティなどに貸出し

〈コスト管理〉

- 長期的な視点に立った計画的な施設・設備の維持管理，修繕
- 最適な人員体制への見直し
- 外注契約の見直し

　運営を担う民間事業者にインセンティブを与えつつ，上記のような収支改善策を図ることで，財政負担の軽減だけでなく，結果として多くの人々が集まり，賑わいが戻ってきます。閑散としていた施設が，地域にとっての「真の宝」に変わるのです。美術館・博物館は，作品や文化財を「収集し，収蔵する」だけでは，その本来の役割を発揮することはできません。地域の多くの人々に見てもらい，地域の外からも来館者を呼び込むことができてこそ，「地域の宝」として輝いてくるのです。

第10節 「する」スポーツ施設

　スポーツ施設は，「する」スポーツ施設と，「観る」スポーツ施設に大別できます。前者は市民が日常的にスポーツをする体育館やプール等，後者はプロスポーツ興行を前提としたスタジアム，アリーナ等をさします。本節では，前者の事例の紹介を行い，後者の事例については本章第11節にて紹介します。

　スポーツ施設は，**図表２－10－１**に示すように施設の老朽化と財政状況の悪化のなか，安全な施設の提供が困難になること，また，少子高齢化社会を迎え，地域ごとに求められる量や質が変化していくことが想定されます。

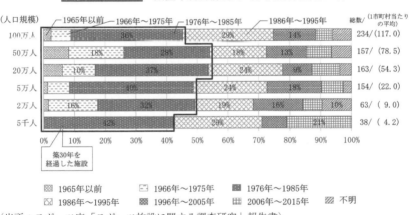

図表２－10－１ 設置年度別構成比（学校教育施設以外）

（出所：スポーツ庁「スポーツ施設に関する調査研究」報告書）

　スポーツ施設における公民連携手法は，指定管理者制度が多く活用されており，社会教育施設の約４割が指定管理者制度により管理が行われています。しかし，業務内容や契約内容等が制限されていること等から，民間事業者の管理運営能力が十分に発揮されていないという指摘もあります。こうした背景等から，民間ノウハウをさらに活用できるよう，自由度の高い指定管理者制度や他の公民連携手法の活用等により，利用者に対するサービスの向上やコスト削減の可能性を検討すべきです。施設整備を伴う公民連携手法としては，PFI手法

やDBO方式に加えP-PFIの活用が増加しています。

（1）　体育館

①　帯広市総合体育館

　帯広市総合体育館は，1972年に併用を開始し，老朽化が著しい状況にありました。また，本施設は地震等災害時の指定避難所となっており，大規模な地震に対応するための抜本的な耐震化が必要でした。さらに，多くの人が利用しやすいように，施設のユニバーサルデザイン・バリアフリー化や，新たなスポーツ競技の受入環境の整備などの対応が求められていました。

　本事業は，PFI手法（BTO方式，混合型）を活用し，スポーツ活動の新たな拠点として新総合体育館の整備および維持管理を行う事業です。本事業の特徴は，代表企業および構成企業のほとんどが地元企業であることです。代表企業および構成企業６社のうち５社は，帯広市に本社を置く企業であり，事業費100億円を超えるPFI事業では珍しい事例の１つです。

　現在はネーミングライツ（施設命名権）の設定を民間事業者との間で契約し，愛称名を「よつ葉アリーナ十勝」として地域に親しまれる施設となっています。

図表２−10−２　事業概要

事　業　名	帯広市新総合体育館整備運営事業
発　注　者	帯広市（北海道）
受　注　者	とかちウェルネスファーム㈱（代表企業：㈱オカモト）
事業期間	設計・建設・開業準備：2017年３月～2020年２月 維持管理・運営　　　：2020年３月～2040年３月
施設規模	敷地面積：約27,131m^2 メインアリーナ（バスケットボールコート３面），サブアリーナ（バスケットボールコート１面），ランニングコース，多目的室，アーチェリー練習場等
事　業　費	契約金額：約10,307百万円（税込）

（出所：帯広市資料より当社作成）

②　（仮称）青森市アリーナ及び青い森セントラルパーク等整備運営事業

　本事業は，（仮称）青森市アリーナと都市公園を，２つの公民連携手法を活

用し，一体的に整備・運営する事業です。本施設はDBO方式を活用し，メインアリーナ，サブアリーナのほか，キッズルーム等が整備され，青森市アリーナを除くほかの公園部分は，P-PFIを活用し，公募対象公園施設としてはスポーツクラブ等が整備されます。

図表２−10−３　事業イメージと事業方式

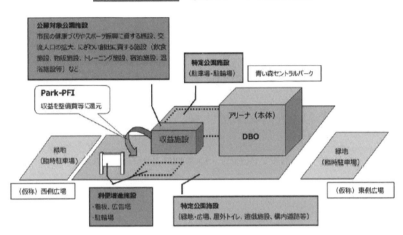

（出所：青森市作成資料）

　既存の青森市民体育館は，本事業の整備予定地とは別の場所に位置し，1977年に整備され，老朽化が進んでいることから，建替えが検討されていましたが，敷地が狭く，同敷地内での建替えが困難な状況にありました。これとは別に，広い敷地を有する青森操車場跡地の利活用の検討課題も残されていました。こうした背景から，本事業は，青森操車場跡地にある青い森セントラルパークのうち，都市公園部分に，スポーツや多様な催事ができる交流拠点として本施設を整備することで上記課題を解決し，また，市民の健康づくりとスポーツ振興に加え，交流人口の拡大を図り，経済効果を得ることも期待されます。

　本事業の特徴は，２つの公民連携手法を活用している点が挙げられます。P-PFIのみの活用も検討されていましたが，交付金（官民連携型賑わい拠点創出事業）の要件（公募対象公園施設等からの収益による特定公園施設初期整備費の１割以上削減）を達成しやすくするため，DBO方式とP-PFIを併用した事

業になりました。P-PFIのみによる整備と比較し，DBO方式による整備に振り分ける分だけ，特定公園施設部分と公募公園施設の範囲を小さくすることができ，また，DBO方式による整備部分についても交付金（都市再生整備計画事業）を充当することができ，財政メリットを享受できるような仕組みです。

図表2－10－4　施設全景およびメインアリーナイメージ

（出所：青森市資料）

図表2－10－5　事業概要

事 業 名	（仮称）青森市アリーナ及び青い森セントラルパーク等整備運営事業
発 注 者	青森市（青森県）
受 注 者	青森ひと創りサポート㈱（代表企業：大成建設㈱）
事 業 期 間	設計・建設　　　：2021年4月～2024年3月 維持管理・運営：2024年4月～2039年3月
施 設 規 模	（アリーナ）建築面積：約9,834m^2，延床面積：約10,979m^2 メインアリーナ（約2,070m^2），サブアリーナ（約920m^2），多目的ルーム（約570m^2），キッズルーム（約780m^2）
事 業 費	契約金額：約10,774百万円（税込）

（出所：青森市資料より当社作成）

(2)　プール

①　鴨池公園水泳プール

　本事業は，鴨池公園水泳プールのメインプールと飛込プール等の再整備と，

サブプール（既存施設）を含めたプール全体の維持管理・運営を行う鹿児島市初のPFI事業（BTO方式，混合型）です。本施設は，完成後30年以上を経過し老朽化していること等から再整備を行うことが検討され，国際大会を含む各種大会の開催が可能な規格とし，「市民の誰もがいつでも楽しく利用できる」，「環境にやさしい」施設であること等を基本方針としている事業です。

　本事業の特徴としては，自由提案事業の光熱水費の一部を事業者負担としたことにより，事業者からオール電化での運営を行う提案がなされ，経費抑制が期待されるだけでなく，基本方針に沿う形で省エネに資する提案にも繋がるよう制度設計がなされていたことがポイントです。

図表2−10−6　**施設配置イメージおよび施設外観**

（出所：鴨池公園水泳プールHP）

図表2−10−7　**事業概要**

事　業　名	鹿児島市新鴨池公園水泳プール整備・運営事業
発　注　者	鹿児島市（鹿児島県）
受　注　者	㈱スイムシティ鹿児島（代表企業：㈱九電工）
事業期間	設計・建設　　　：2008年7月〜2011年3月 維持管理・運営：2023年4月〜2038年3月
施設規模	敷地面積：約12,462m²，建築面積：約6,484m² 屋内メインプール（50mプール，国際公認），屋外飛込プール（国際公認），屋内サブプール等
事　業　費	契約金額：約7,253百万円（税込）

（出所：鹿児島市資料，鴨池公園水泳プールHP等より当社作成）

②　武生中央公園水泳場

　本事業は，武生中央公園内にある，屋内水泳場等の再整備・運営を行う，P-PFIを活用した事業です。武生中央公園は，2018年に開催された福井国体に合わせ，2017年頃に園内に飲食店を設けるなどのリニューアルを行っておりましたが，1965年に整備してから，50年以上が経過し老朽化している水泳場については未整備でした。水泳場再整備にあたっては，人口減少・少子高齢化に対応するとともに，さらなる魅力の向上を図ることを目的とし，市民の健康増進，余暇利用，水泳競技力の向上等，通年で多用途に活用できる整備を目指しています。

　本事業の特徴としては，水泳場再整備にあたり，P-PFIを活用することで，公募対象公園施設からの収益の一部を水泳場再整備費用に充当することができるだけでなく，「官民連携型賑わい創出事業」を活用し，国からの交付金の支援を受けることで，市の財政負担をより軽減していることが挙げられます。

図表2−10−8　施設全景および水泳場イメージ

（出所：越前市HP）

図表2−10−9　事業概要

事　業　名	武生中央公園水泳場再整備事業
発　注　者	越前市（福井県）
受　注　者	TCP共同事業体（代表企業：カワイ㈱）
事 業 期 間	設計・建設　　：2020年8月〜2022年2月 維持管理・運営：2022年3月〜2040年7月
施 設 規 模	事業区域面積：約8,500m² 特定公園施設：屋内水泳場（25m，幼児用），駐車場 公募対象公園施設：屋内遊技場，スポーツジム等

（出所：越前市資料より当社作成）

(3) 野球場，球技場

① 盛岡南公園野球場（仮称）

　本事業は，岩手県と岩手市が共同し，軟式野球大会からプロ野球１軍公式戦にも対応する新野球場を整備し，また，県民・市民の野球以外の多目的な利用を可能とするボールパークの整備・運営を行う事業です。県・市がそれぞれ所有する岩手県営野球場および盛岡市営野球場は，整備・大規模改修から約30年が経過し老朽化が著しく，また，設備の機能や安全性においてサービス水準の低い施設であったことから，新野球場の整備が検討され，県・市が共同で所有する新野球場の整備の計画がなされました。

　本事業の特徴は，全国でほとんど事例のない，県と市が連携しPFI手法（BTO方式，混合型）により野球場を整備していることです。県と市との間では連携協定の締結および，県から市へ事務の委託をしており，サービス購入料の支払いや，施設竣工後の施設引渡しは市と民間事業者でやり取りされます。県と市との間では，県から市へサービス購入料の一部の負担金や事務委託の経費等が支払われ，また，市から県へは，施設の所有権の一部が譲渡されます。PFI手法により民間と公共とのリスク分担を明確化するだけでなく，県と市で，各々の役割分担を明らかにした連携協定を締結したことで，共同事業化することができ，県・市で抱える公共施設の課題を解消した事例です。

図表２−10−10　事業概要

事 業 名	盛岡南公園野球場（仮称）整備事業
発 注 者	盛岡市（岩手県）
受 注 者	盛岡南ボールパーク㈱（代表企業：清水建設㈱）
事 業 期 間	設計・建設　　　：2020年３月〜2023年３月 維持管理・運営：2023年４月〜2038年３月
施 設 規 模	事業計画地：約91,800m², 敷地面積：約197,000m² 野球場（建築面積：約8,048m², 延床面積：約17,065m²），屋内練習場，駐車場等
事 業 費	提案価格：約10,884百万円（税抜）

（出所：盛岡市資料より当社作成）

図表2−10−11　施設全景イメージ

（出所：盛岡市資料）

②　本栖湖スポーツセンター

　本栖湖スポーツセンターは，山梨県所有の休止施設で取壊しが決まり，富士河口湖町に移譲される予定でした。町の本栖湖青少年スポーツセンター整備基本計画策定委員会において，本施設の今後の活用の方向性について検討している中，民間事業者の提案により，合宿や企業研修等が行える施設として，サッカーコートや400mトラック，宿泊施設の整備を行い，指定管理者制度を活用し，民間事業者が維持管理・運営を行うこととなりました。

　一般的な指定管理者制度では，公共から指定管理料を指定管理者に支払いますが，本施設の利用者からの収入は民間事業者がみずから収受し，その一部を施設使用料として民間事業者が富士河口湖町に納付する仕組みとなっています。また，民間事業者が負担した公共施設（人工芝サッカーコート等）の整備費を回収するために，契約期間20年間の長期契約となっています。

図表2−10−12　事業概要

発 注 者	富士河口湖町（山梨県）
受 注 者	㈱R.project
事 業 期 間	2016年4月〜2036年3月
施 設 規 模	敷地面積：約152,561m²，延床面積：約3,265m² サッカーコート（天然芝，人工芝），400mトラック，体育館，宿泊施設等

（出所：富士河口湖町HP，㈱R.project HP，スポーツ庁資料より当社作成）

第11節 「観る」スポーツ施設

　「日本再興戦略2016」では，官民戦略プロジェクト10の１つとして，スポーツの成長産業化が掲げられました。また，2015年10月に設置されたスポーツ庁は，「する」ための施設を「観る」ための施設へ変え，公費に依存しないプロフィットセンターとしての施設に生まれ変わらせるという目的を達成するため，2016年に「スタジアム・アリーナ改革指針」を公表しました。

　「観る」スポーツ施設（以下，「スタジアム・アリーナ」という）は，地域活性化やまちづくり，賑わい創出の観点から一定の公益性を有することからも，施設整備・運営の双方において，公共による一定の資金的な支援等が行われるケースが多いと考えられます。公費を使って施設整備・運営を行うのであれば，設計・建設，維持管理・運営を個別に発注するよりも，公民連携手法を活用した一体的な発注を行うことにより，一定のコスト削減が期待されます。また，スタジアム・アリーナは維持管理・運営費の方が，整備費よりもライフサイクルコストに占める割合が大きいといわれています。このため，施設運営者の目線で効率的な運営が可能となるような施設整備を行うことにより，維持管理・運営費の削減が図れるだけでなく，使い勝手のよい施設を効率的に活用して収益性の向上も図れることは公民連携手法の導入意義の１つと考えられます。

(1)　スタジアム

①　北九州スタジアム（ミクニワールドスタジアム北九州)

　本事業は，Ｊリーグやラグビートップリーグなどの試合に対応したスタジアムの整備に加え，コンサートの開催等幅広い市民利用を可能とし，にぎわいの創出を目指したPFI事業（BTO方式，混合型）です。

　本施設の特徴は，タッチラインから客席までの距離が8mと近く，最前列はピッチ面と同じ高さで観戦可能な，臨場感溢れるスタジアムであり，客席にはVIP・スカイボックス・ビジネスシート等が設置され，多様なスタイルで楽しむことが可能です。また，スタジアムは小倉駅（東海道・山陽新幹線の停車駅）から徒歩圏内の街なかにあることを活かし，スタジアム南側にイベントス

ペースとして活用可能な「スタジアムプラザ」，北側に飲食売店スペースを連続的に配置した「にぎわいプロムナード」を設置することで，地区の回遊性を生み出し，周辺地域の活性化に貢献することが期待されています。

図表2－11－1　施設全景および正面入り口

（出所：北九州スタジアムHPより）

図表2－11－2　事業概要

事　業　名	北九州市スタジアム整備等PFI事業
発　注　者	北九州市（福岡県）
受　注　者	㈱ウインドシップ北九州（代表企業：㈱九電工）
事　業　期　間	設計・建設　　　：2014年9月～2017年1月 維持管理・運営：2017年2月～2032年3月
施　設　規　模	敷地面積：約27,305m²，建築面積：約10,860m²，階数：6階 観客席数：15,066席
事　業　費	契約金額：約10,728百万円（税込）

（出所：北九州市資料等より当社作成）

②　南長野運動公園総合球技場（長野Uスタジアム）

　本事業は，南長野運動公園内の総合球技場を，DB方式を活用し，Jリーグや国際試合対応のスタジアムへと，再整備を行った事業です。

　JFL（サッカーアマチュアリーグの最上位リーグ）に所属していたAC長野パルセイロのJリーグへの昇格が期待される中，2011年にJFLで準優勝するも，本施設や，活動拠点としていた地域にある専用球技場では，Jリーグ規約の定める基準を満たさないこと等を理由にJ2リーグへの昇格が見送られてしまいました。その後，施設等の整備を求める署名約86,000人分の提出や関係団体から

の要望等があり，本事業の検討が進められました。長野市としても，2008年に策定した長野市スポーツ振興計画の中で，「AC長野パルセイロなどの地域密着型プロスポーツとの連携・協力により，スポーツの振興及び地域の活性化を図る」としていました。

こうした背景に加え，AC長野パルセイロは2012年JFL準優勝，2013年JFL優勝と順調な成績を残しており，スタジアムの短期間での整備が求められる一方で，財源確保等の理由から設計・施工を一括発注するDB方式での検討が進みました。また，選定方法については，スタジアムの施工経験のある民間事業者等で構成するJVの提案によるプロポーザル方式が採用されました。こうして選定された民間事業者の提案により，予定していた事業期間が8カ月間短縮され，短期間での整備を実現することができました。

本施設の特徴は，ピッチと観客席の距離が近く，すべての席で臨場感溢れる観戦が可能となっています。また，太陽光発電の利用や，井水をグランドの散水等に利用するなど，環境にも配慮されています。加えて，南サイドスタンドの屋根を低くすることで，年間を通して，ピッチ上に日照が確保され，また，スタンド下に通風孔を設置し，芝生の蒸れを防止する等，スタジアム運営では欠かすことのできない，良好な天然芝の育成ができる工夫がされています。

図表2－11－3　事業概要

事 業 名	南長野運動公園総合球技場整備事業
発 注 者	長野市（長野県）
受 注 者	㈱竹中工務店，㈱東畑建築事務所等で構成されるJV
事 業 期 間	設計・建設：2013年4月～2015年2月
施 設 規 模	施設面積：13,963m²，延床面積：26,684m²，構造：4階 収容人数：15,575人
事 業 費	提案金額：約7,140百万円

（出所：長野市資料等より当社作成）

③　市立吹田サッカースタジアム（Panasonic Stadium Suita）

市立吹田サッカースタジアムは，Jリーグプロサッカーチームのガンバ大阪のホームスタジアムとして，日本万博記念公園内に2015年に竣工したスタジア

ムです。本施設は負担付寄附の制度で集められた寄付金等を原資に建設され，竣工後は，指定管理者としてガンバ大阪を運営する㈱ガンバ大阪により，維持管理・運営されています。また，利用料金制をとる独立採算型の事業で，設計・建設から維持管理・運営に至るまで，吹田市に実質費用負担のないことが特徴です。

図表2-11-4　事業スキーム図

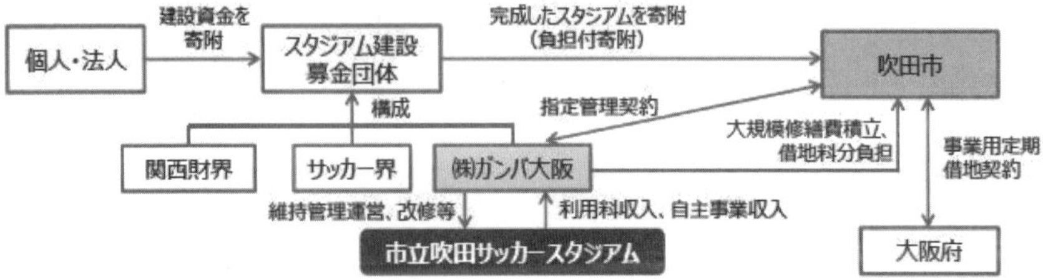

（出所：スポーツ庁・経済産業省資料）

図表2-11-5　事業概要

	設計建設	維持管理・運営
所　有　者	土地：大阪府，スタジアム：吹田市（大阪府）	
発　注　者	スタジアム建設募金団体	吹田市（大阪府）
受　注　者	㈱竹中工務店	㈱ガンバ大阪
期　　　間	2013年12月～2015年9月	2015年10月～2063年3月
手　　　法	負担付寄附	指定管理者制度
施　設　規　模	建築面積：約24,696m², 延床面積：約63,909m², 階数：6階 収容人数：総数40,000人	
事　業　費	総事業費：約14,086百万円 （内訳）寄付金：約10,572百万円，助成金：約3,513百万円	

（出所：市立吹田サッカースタジアムHP等より当社作成）

(2)　アリーナ

①　有明アリーナ

　本事業は国内アリーナ初のコンセッション方式を活用した事業です。有明アリーナは東京2020オリンピック・パラリンピック競技大会（以下，「東京2020

大会」という）において，バレーボール等に使用される施設として東京都江東区に整備されたスポーツ施設です。

本事業は，東京2020大会後に世界的なスポーツイベントやトップアーティストのコンサート等から都民が参加できるイベントまで幅広く実施することで，本施設を「東京の新たなスポーツ・文化の拠点」とすることを目指しています。

大規模な大会等を契機に整備されたスポーツ施設の中には，大会期間終了後の維持管理や運営等の計画が明確ではなく，十分に活用されず，老朽化に伴って維持管理が困難になっていくスポーツ施設があります。本事業は，大会終了後のスポーツ施設について，民間ノウハウを活用し，安定的な運営がされる仕組みを整備段階から検討した事例です。

図表２−11−６ 施設全景およびメインアリーナイメージ

（出所：東京都HP）

図表２−11−７ 事業概要

事 業 名	有明アリーナ管理運営事業
発 注 者	東京都
受 注 者	㈱東京有明アリーナ（代表企業：㈱電通）
事 業 期 間	準備 ：2019年7月〜2019年12月 維持管理・運営：2019年12月〜2046年3月
施 設 規 模	敷地面積：約36,576m²，階数：5階 メインアリーナ（約4,100m²，約15,000席），サブアリーナ（約1,400m²），ジム等
事 業 費	公共施設等運営権対価：約9,387百万円（税込） 業績連動支払：運営権者は運営権対価支払後の税引前当期純利益の50％の金額を都に支払う

（出所：東京都資料，有明アリーナHPより当社作成）

②　舞洲体育館（おおきにアリーナ舞洲）

　舞洲体育館は，大阪港の人口島である舞洲に位置し，プロバスケットボールチームの大阪エヴェッサのホームアリーナです。舞洲には，本施設のほか，プロ野球チームのオリックス・バファローズの２軍の本拠地，プロサッカーチームのセレッソ大阪の練習場として，野球スタジアムやサッカースタジアム等のスポーツ施設が多くあるスポーツアイランドです。

　本施設は，大阪エヴェッサの運営会社より，大阪エヴェッサのホームアリーナとして使用する提案がなされ，それまで指定管理者で維持管理されていたものを，定期建物賃貸借契約としたことで，事業者側の自由度が上がり，試合日程の設定などチームに合わせた運用への柔軟な変更が可能となりました。他方，公共としては，指定管理料を支払う形から，使用料収入を受け取る形へと転換することができました。

図表２－11－8　施設外観およびメインアリーナ

（出所：大阪市資料および舞洲体育館HP）

図表２－11－9　事業概要

発 注 者	大阪市（大阪府）
受 注 者	ヒューマンプランニング㈱（大阪エヴェッサの運営会社）
事 業 期 間	2015年４月から10年間
施 設 規 模	敷地面積：約57,179m^2 メインアリーナ（約2,720m^2，7056席），サブアリーナ（約920m^2），会議・研修室等
事 業 費	賃借料（民間→公共）：約９百万/年 （賃貸借契約移行前）指定管理料（公共→民間）：約100百万円/年

（出所：ヒューマンプランニング㈱HP，舞洲体育館HP等より当社作成）

第12節　公立病院・福祉施設

(1)　公立病院

　地域・政策医療の中核となる公立病院は，近年，経営状況の悪化や医師不足に伴う診療体制の縮小等により，一定水準以上の医療提供の維持がむずかしい状況にあり，地域医療の持続性確保が大きな課題となっています。また，人口減少や少子高齢化の進行により医療・福祉ニーズが増大・多様化・複雑化するなか，地域における公立病院の役割や政策的医療分野も変化しています。

　こうした状況のもと，総務省は「新公立病院改革ガイドライン」を制定し，地方自治体に対し，新改革プランの策定を要請しています。各自治体においては，経営効率化や再編・ネットワーク化等の視点から，地域に適した医療提供体制の再構築が検討されており，施設整備・維持管理の面だけでなく，事業運営の面でも，公民連携手法の活用があわせて検討されています。

　公立病院の分野における主な公民連携手法を公共の関与度合いの高いものから区分すると，①民間委託，②DB・DBO方式，③指定管理者制度，④PFI手法，⑤民間病院との提携・統合および⑥民間譲渡といった手法が考えられます。

①　DB・DBO方式

　病院施設の場合，特に，近隣に代替的な医療機関などが存在しない等の理由から，病院運営（診療行為）を継続したままで施設整備や改修を行うことが多く，診療機能を維持した工事計画の立案や施設整備の全体スケジュール短縮等の観点からも設計・建設などを一括的に発注するメリットがあります。

　このうち，本項では病院機能（診療行為）を継続したままで，DB方式により病院施設の再整備を行った，藤沢市の「藤沢市民病院」の事例を紹介します。

1）藤沢市民病院

　藤沢市は，神奈川県の湘南地域に位置し，相模湾に面した，湘南地域では最大の人口（約44万人）を有する都市です。

　藤沢市民病院は，地域医療の中核を担う基幹病院として機能してきましたが，旧東館は1971年の建設以来，施設の老朽化・狭隘化が進んでおり，藤沢市は，病院機能を停止させずに，東館の建替えを中心とする病院施設の再整備を決定し，その事業手法として，設計施工を一括発注するDB方式を採用しました。

図表2-12-1　施設全景および新東棟イメージ

（出所：藤沢市民病院HP）

図表2-12-2　事業概要

事業名	藤沢市民病院再整備事業
発注者	藤沢市（神奈川県）
受注者	大成建設・日本設計グループ（代表企業：大成建設㈱）
事業期間	設計・建設：2012年5月〜2018年7月
施設規模	診療科目：35科，病床数：536床（一般530床，感染症6床） ・新東館（RC造地上8階）：総合受付，外来診察室，検査室，事務室，物品管理センター，病棟，コンビニエンスストア等 ・別館1（S造地上5階）：職員食堂，倉庫等 ・救急ワークステーション（S造地上3階） ・エネルギー棟，西館・救命救急センター
事業費	落札価格：8,379百万円（税込）

（出所：藤沢市民病院HP等より当社作成）

②　指定管理者制度

　総務省が公表している「平成30年度地方公営企業年鑑」によると，全国776の公立病院のうち77の公立病院において同制度が導入されており，公立病院の

分野でも，公民連携手法としての指定管理者制度が活用されています。

　このうち，本項では，指定管理者制度を導入し，救急医療の再開，施設の早期建替え，経営健全化の3つの課題について一体的な解決を図った「和泉市立総合医療センター」の事例を紹介します。

1）和泉市立総合医療センター

　和泉市は，人口約18万人を有する，大阪府の泉北地域に位置する都市です。

　和泉市総合医療センターの前身である和泉市立病院は，1963年の開院以降，地域の中核病院としての役割を果たしてきましたが，臨床研修医制度改正の影響を受けた医師不足により，2007年度に不良債務約20億円を計上するなどの経営危機に陥りました。その後，医師不足により救急医療が機能停止状態にあること，施設老朽化が進み早急な建替えが必要であることおよび一般会計繰入金に頼る経営体質であること，という3つの課題を解決する目途は立たず，市は，3つの課題の一体的な解決を目指し，指定管理者制度の導入を決定しました。

　この結果，医療機能については，毎年度，普通交付税の病床割当相当額を指定管理料として指定管理者に交付することにより，政策的医療機能（救急，小児，災害時医療）のほか，移行前と同等の医療機能の確保が可能となったことや，指定管理者グループの病院等からの派遣により医師も確保できたため，救急医療の受入拡大を図ることができました。また，施設整備費の抑制（DB方式）および指定管理者との施設整備費の折半が合意されたことにより，災害に強い新病院施設の建設が実現しただけでなく，赤字補填に必要であった市の繰入金が不要となり，市の財政負担を大幅に抑制することが可能となりました。

図表2－12－3　施設外観および全景

（出所：和泉市HP）

図表２-12-4　事業概要

事業名	和泉市病院事業
発注者	和泉市（大阪府）
受注者	医療法人徳洲会
事業期間	2014年４月〜2034年３月
施設規模	診療科目：33科，病床数：307床（一般病床）
事業費	下記の市負担の赤字補填額（2008年度〜2015年度）が縮減 ・公立病院特例債元金償還補助：約21億円 ・他会計長期借入金元金償還補助：約21億円 ・資金不足解消補助金：約８億円

（出所：和泉市HP等より当社作成）

③　PFI手法

　公立病院へのPFI手法導入については，「民間事業者の業務範囲」と「導入効果の高さ」（事業規模の大きさに起因）の２つの点に特徴があります。

図表２-12-5　病院の維持管理・運営業務の分類

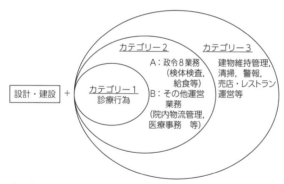

（出所：厚生労働省資料より当社作成）

　まず，「民間事業者の業務範囲」に関して，厚生労働省によれば，PFI手法において民間委託可能な業務範囲は，**図表２-12-5**の施設の「設計・建設」業務に加え，カテゴリー２・３の業務の全部または一部ということになります。カテゴリー２の医療周辺業務，いわゆる「政令８業務」（医療法施行令により「診療等に著しい影響を与える業務」として基準が設けられている業務で，検体検査，食事提供，滅菌消毒，患者搬送，リネンサプライ，医療機器保守管理，医療ガス保守点検および清掃の８業務）以外にも，統括マネジメント業務（病院経営支援，院内委託業務マネジメントなど）といった病院固有の業務も業務範囲に含まれることがあります。

　また，「導入効果の高さ」に関して，大規模な施設整備を伴う案件では1,000億円超の事業規模が想定されるだけでなく，施設整備を伴わない維持管理・運営業務のみの八尾市立病院の案件でも第1期で500億円超，第2期で1,000億円の事業規模があるため，導入効果を示す定量的な指標であるVFMが数％しかなくても，金額ベースでは非常に高い導入効果が期待できます。

　公立病院へのPFI手法の導入に関しては，初期2案件がいずれも契約解除に終わってしまったことから，病院分野へのPFI手法の導入はなじまないとの意見もありますが，初期2案件以降の16案件では大きな導入効果が出ています。

　このうち，本項では，業務範囲に施設整備を含まない運営型のPFI手法を導入した効果が評価され，第2期も引き続きPFI手法により事業運営を行っている，大阪府八尾市の「八尾市立病院」の事例を紹介します。

1）八尾市立病院

　八尾市は，人口約26万人を有する，大阪府の中河内地域に位置する都市です。

　八尾市立病院は，1950年の開院以来，市唯一の公立病院として，地域医療の中核を担ってきました。2001年に現在地での新病院施設の建築着工にとりかかるとともに（本PFI事業とは別事業），「総合医療情報システム」の構築を目指す電子カルテを基幹とするシステムを導入する整備計画が定められましたが，新病院における新システム運用を含む病院業務の効率性，有効性の観点から，医療サービスの向上，患者サービスの向上およびコスト削減の3つを目的として，PFI手法（病院施設・システムの維持管理・運営業務に加え，病院設備什器備品の調達・維持管理業務についてBOT方式を採用）の導入を決定しました。

　PFI手法の導入効果については，八尾市・八尾市立病院が公表している「八尾市立病院PFI事業検証業務報告書」（2015年12月）および「PFI事業期間終了後の八尾市立病院の維持管理・運営事業に関する検討報告

図表2－12－6　施設外観

（出所：八尾市HP）

書」（2017年2月）で詳細に検証されていますが，病院と民間事業者との良好なパートナーシップ構築，PFI手法の特徴（長期契約，性能発注および包括発注）を活かした業務遂行，病院職員が本来業務に専念できる環境整備等により，医療サービス水準の向上や市の財政負担軽減（2004年度のPFI手法導入，2009年度の地方公営企業法全部適用への移行により，事業収支が改善され，2011年度以降，2018年度まで連続して黒字化を達成）などの導入効果が出ています。

図表2－12－7　事業概要

事 業 名	八尾市立病院維持管理・運営事業（第1期・第2期）
発 注 者	八尾市（大阪府）
受 注 者	八尾医療PFI㈱（代表企業：㈱ニチイ学館）
事業期間	維持管理・運営（第1期）：2004年3月～2019年3月 維持管理・運営（第2期）：2019年3月～2034年3月
施設規模	診療科目：21科，病床数：380床
事 業 費	契約金額（第1期）：約54,404百万円（税込） 契約金額（第2期）：約101,564百万円（税込）

（出所：八尾市資料より当社作成）

④　民間病院との連携・統合

　地域に適した医療提供体制の再構築を検討した結果，民間病院を含めた複数病院の連携・統合のような形での公民連携手法も考えられます。

　このうち，本項では，市立病院と民間2病院が地方独立行政法人の傘下に入って連携・統合した，「桑名市総合医療センター」の事例を紹介します。

1）桑名市総合医療センター

　桑名市は，人口約14万人を有する，名古屋都市圏のベッドタウンの性格が強い，三重県北部，伊勢平野と濃尾平野の境に位置する都市です。

　桑名市民病院は，北勢地区の救急医療・高度医療を行う中核病院でしたが，赤字続きで20億円を超える累積欠損を抱えるなど，多くの課題に直面しており，2006年の「桑名市民病院あり方検討委員会」の答申により，2次医療の提供を行う自己完結型で，400床前後の病床を有する急性期病院の早期実現，老朽化が進む病院施設の新築および非公務員型の地方独立行政法人への運営形態の変

更などを求められ，市内の病院再編の機運が高まりました。

　民間病院等も含む近隣医療圏まで含めると病院供給過剰な地域であることを考慮し，桑名市民病院の規模拡大に際して，中小規模の民間病院が多い桑名市内の民間病院が統合候補となりました。また，統合による病院再編は，両病院に医師を派遣していた三重大学の意向にも合致していました。

　具体的な統合手続は，まず，地方独立行政法人を設立し，桑名市民病院と民間２病院（山本総合病院および平田循環器病院）がその傘下に入り，2012年４月から桑名西，南，東の各医療センターとして１つの法人の下で運営が始まりました。その後，山本総合病院があった場所の周辺地を市が購入して新病院を建設，2018年５月から新病院での診察を開始しました。なお，旧桑名市民病院の土地・建物は売却され，有料老人ホームや介護ショップを併設した調剤薬局などになる予定です。

　統合後，医業収入の増加，統合再編に伴い受領した補助金による最新の医療機器の導入，医師の確保・若手医師の教育環境整備（常勤医は，統合時３病院合計約80名から約120人に増加）などの統合効果が出ています。

図表２−12−８　施設外観および医療設備

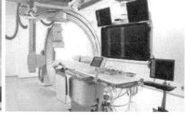

（出所：桑名市総合医療センターHP）

図表２−12−９　事業概要

事 業 名	桑名市総合医療センター基本構想・基本計画
施設規模	診療科目：32科，病床数：400床 ・外来棟：延床面積7,531m²，コンクリート造地上５階 ・入院棟：延床面積24,828m²，SRC造（一部Ｓ造）地上10階
事 業 費	新棟新築工事費（電気・機械設備購入費含む）：225億円

（出所：桑名市総合医療センターHP等より当社作成）

⑤　民間譲渡

　地域に適した医療提供体制の再構築を検討した結果，地方自治体等の病院事業自体を民間病院に譲渡してしまうケースも考えられます。総務省「平成30年度地方公営企業年鑑」によれば，毎年1，2件程度の公立病院事業の民間譲渡が行われています。

(2)　福祉施設

　福祉施設に関しても，施設の老朽化や高齢化の進展に伴う福祉ニーズの増大等への対応だけでなく，地域包括ケアシステムの考え方をふまえた医療機関等との連携強化が求められる中，サービス水準向上や施設整備財源の確保などにおいて，民間活力の活用を含めた検討が行われています。

　総務省が公表した「平成30年度地方公営企業年鑑」によると，介護サービス事業（指定介護老人福祉施設，介護老人保健施設，老人短期入所施設，老人デイサービスセンター，指定訪問看護ステーションおよび介護医療院）の経営形態としては，地方公営企業法適用企業では大半が公共直営であるのに対し，非適用企業では約半数が公共直営で，残りは指定管理者制度を導入していることが示されています。また，福祉施設の場合，経営形態における公民連携だけでなく，ソフト面での公民連携，具体的には，ほかの公共施設や民間収益施設との複合化による相乗効果により，効率的，効果的な運営を行っている施設もあります。

　このうち，本項では，定期借地権を活用して民間が整備した施設に，病院，介護老人保健施設および区立図書館を複合化した「品川リハビリテーションパーク」の事例と，出産，子育て支援や高齢者の在宅医療などの地域包括ケア拠点と医療福祉・看護の専門学校，スポーツクラブ，カフェおよび立体駐車場などを複合化した「富山市まちなか総合ケアセンター」の事例を紹介します。

①　品川リハビリテーションパーク

　品川区は，区立御殿山小学校の改築にあたって生じた余剰地の有効活用を検討していましたが，区内に介護老人保健施設が1カ所しかないため介護リハビリ拠点の充実を図る必要性があったこと，老朽化した区立図書館の施設更新の

必要性があったことから，図書館と医療・介護施設の複合化を決定しました。

　事業スキーム上の工夫・その効果として，第一に，隣接する小学校敷地を一体とみなした容積率等の適用を受ける「連担設計制度」（建築基準法第86条第2項）を活用することにより，小学校の残余容積率を上乗せし，追加で約4,700㎡（70％増）の床面積を確保できました。第二に，事業用地に50年間の定期借地権を設定して民間に貸し付けることにより，年間貸付料約20百万円（50年間で約10億円）の新規財源を確保することができました。また，第三に，必須施設（介護老人保健施設・図書館）の整備だけでなく，民間事業者の自由提案を求め，図書館・学校との連携，介護人材の確保・育成など，行政だけではなしえない計画を採用することができました。第四に，民設で施設整備し，区有部分・共有部分にかかる経費を区が負担金として支払う形式にしたことにより，施設整備に必要とされる数十億円規模の財政負担の軽減を図りつつ，必要な福祉需要に対応することができました。

図表２－12－10　施設外観および医療・介護の連携イメージ

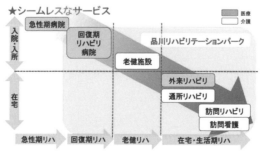

（出所：品川区HP等）

図表2-12-11　事業概要

事業名	(仮称) 北品川五丁目介護老人保健施設等整備・運営事業者公募事業
発注者	品川区 (東京都)
受注者	(公財) 河野臨牀医学研究所
事業期間	定期借地権存続期間：50年間，2018年6月開設
施設規模	敷地面積：約2,280m²，延床面積：約11,581m² (図書館：約1,529m²)，S造 (一部RC造) 地上8階地下1階 • 品川リハビリテーションパーク：病院 (回復期リハビリ病棟・療養病棟・疾患別リハビリテーション施設で構成，回復期病床等130床) 介護老人保健施設 (100床，ショートステイ定員20名)，通所リハビリテーション，訪問看護ステーション • 品川区立大崎図書館
事業費	土地貸付料 (年間)：約20百万円

(出所：品川区資料等より当社作成)

②　富山市まちなか総合ケアセンター

　富山市は，人口約41万人を有し，富山県の中央部から南東部にかけて位置する，富山県の県庁所在地です。

　富山市は，児童数の減少に伴い，中心市街地において，7つあった小学校を2校に統合し，コンパクトシティを目指した跡地活用に取り組んできました。旧総曲輪小学校跡地については，富山城址のすぐ南という中心市街地に位置する立地で，「質の高いライフスタイル」の実現に向けて，公民連携手法を活用して，「まちなか総合ケアセンター」を中心とし，多くの人で賑わい，多様な世代が健康的に暮らせる拠点を整備することを決定しました。

　公民連携手法の具体的な内容としては，小学校跡地での公共施設の整備を民間事業者に一括発注し，竣工後に市が買い取る売買契約を締結するとともに，同跡地内の余剰地に事業用定期借地権 (30年間) を設定し，民間収益施設等を整備・運営し，「医療・福祉・健康」をコンセプトとする「総曲輪レガートスクエア」として一体的な運営を行うことにより，地域包括ケアシステムの実現だけでなく，地域の交流拠点としての機能を発揮することも期待されます。

図表2-12-12　施設外観および施設配置イメージ

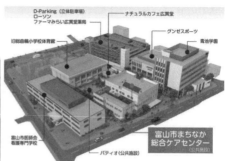

（出所：富山市HP）

図表2-12-13　事業概要

事 業 名	旧総曲輪小学校跡地活用事業
発 注 者	富山市（富山県）
受 注 者	大和リースグループ（代表企業：大和リース㈱）
事業期間	定期借地権存続期間：30年間，2017年4月開設
施設規模	敷地面積：約8,700m²，延床面積：約17,110m² S造，①3階建（2,500m²），②6階建（4,800m²），③3階建（2,000m²），④平屋建て（160m²），⑤⑥5階建（7,650m²） ・富山市まちなか総合ケアセンター（①）：まちなか診療所，病児保育室，産後ケア応接室およびこども発達支援室等 ・民間収益施設：医療福祉・調理製菓専門学校（②），スポーツクラブ（③），カフェ（④），コンビニエンスストア・調剤薬局（⑤）および立体駐車場（⑥） ・その他：体育館（既存施設），看護専門学校（富山市医師会看護専門学校の新設に伴い，本事業とは別に，市有地を30年間の事業用定期借地権を設定し貸与）
事 業 費	土地貸付料（年間）：市が提示する基準地代単価年額（2,370円／m²）以上で，事業者の提案による金額

（出所：富山市HP，大和リース㈱資料等より当社作成）

第13節　産業用施設（MICE，研究施設など）

　全国の地方自治体は，産業や経済の振興のためにさまざまな政策を実行し，必要な公共施設等の整備を行っています。本節では，産業用施設のうち公民連携の手法が多く用いられてるMICEと研究施設の事例をとり上げます。

(1)　MICE施設

　MICEとは，Meeting，Incentive Travel，Convention，Exhibitionの頭文字をとった造語で，会議・集会や展示会などのことを指します。大規模な国際会議や展示会などには，国内外から多くの人が集まることから，スポーツや音楽などのイベントと同様に開催地に大きな経済波及効果をもたらします。

　また，千葉市の幕張新都心，東京都の臨海副都心，横浜市のみなとみらい21地区，大阪市の南港地区，神戸市のポートアイランドのように何百ヘクタールにも及ぶ大規模な面的な都市開発事業においては，MICE施設の建設は地域全体のまちづくりにおいて先導的，中核的な役割を果たしてきました。近年では，三大都市圏以外の地方自治体においても，県内だけでなく広域から参加者を集める施設として，MICE施設の検討が進められています。

　本項では，公設民営と民設民営を組み合わせた幕張メッセ，指定管理者制度による運営を行っている群馬コンベンションセンター（Gメッセ群馬）およびPFI手法を採用した出島メッセ長崎を紹介します（メッセとは，ドイツ語で見本市（Messe）のことで，わが国でも展示会，展示会場をさす言葉として定着しています）。

①　幕張メッセ

　幕張メッセは，幕張新都心（千葉市）を整備した千葉県が推進したプロジェクトです。幕張メッセが開業した1989年まで，首都圏には大規模な展示場としては老朽化した東京国際見本市会場（晴海）しかなく，需要の増加が見込まれる展示会の受け皿として，東京都心と成田空港の中間にある幕張新都心に展示場を主とした大規模なコンベンション施設が建設されることとなりました。

　施設整備の方法としては，全体を公設民営とする案も検討されましたが，当時の民活ブーム（民間事業者の能力の活用による特定施設の整備の促進に関する臨時措置法（民活法）の施行（1986年）など）もあり，財政負担軽減と施設利用の促進のため，施設の一部（イベントホール）については民設民営となりました。事業主体となる㈱幕張メッセは，事業推進の中核である千葉県のほか，千葉市，日本政策投資銀行，地元企業（日本製鉄㈱やJFEスチール㈱など），公益企業（電力・ガス・通信）などの出資により，1986年に第三セクターとして設立されました。1989年10月に当時日本で最大規模のコンベンション施設として開業後，より大規模な展示会にも対応するため，1997年千葉県によって展示ホールが増設されています。

図表２−13−１　事業概要

	当初施設	増設部分
施設整備主体	千葉県（イベントホールのみ㈱幕張メッセ）	千葉県
運営	㈱幕張メッセ	
施設規模	展示ホール１〜８（延床面積99,106m², 展示面積54,000m²）会議場（延床面積16,700m²）イベントホール（延床面積15,582m², 固定席3,948席）	展示ホール９〜11（延床面積37,190m², 展示面積18,000m²）
開業	1989年10月	1997年10月

（出所：幕張メッセHP等より当社作成）

②　群馬コンベンションセンター（Gメッセ群馬）

　Gメッセ群馬は，群馬県が高崎競馬場の跡地に整備したコンベンション施設で，2020年６月に開業しました。施設は，上越新幹線と北陸新幹線の分岐点である高崎駅から1.1キロメートルの好立地にあります。

　事業手法としては，PFI手法なども検討されましたが，規模の見直しなどの議論を経て，施設整備は群馬県が行い，施設の維持管理・運営については指定管理者制度を採用することとなりました。群馬県は，指定管理者である共同事業体の代表企業㈱コンベンションリンケージの営業力を活用し，従来は県内に誘致できなかった首都圏の展示会，会議，イベントを積極的に誘致する方針です。

図表２−13−２　事業概要

事業手法	施設整備：従来手法（公共工事） 維持管理・運営：指定管理者制度 指定管理者：Ｇメッセ運営共同事業体 　　　　　　　（代表企業：㈱コンベンションリンケージ）
事業期間	設計・建設　　　：2017年11月〜2020年1月（開業2020年6月） 維持管理・運営：2020年4月〜2025年3月
施設規模	（会議展示施設）延床面積：約32,725m²（展示ホール：10,000m², メインホール：1,330m²,　会議室9室） （立体駐車場）延床面積：約34,527m²（一般用駐車台数1,418台） （平面駐車場）一般用駐車台数500台

（出所：群馬県HP，Ｇメッセ群馬HPより当社作成）

図表２−13−３　施設外観

（出所：Ｇメッセ群馬HP）

③　出島メッセ長崎

　本事業は，「交流の産業化」による長崎創生の一環として，長崎駅西側の交流拠点施設用地に，国内外から多くの来訪者を呼び込むとともに市民交流を促進するため，「出島メッセ長崎」（MICE施設，2021年11月開業），都市ブランド向上を図るホテル，地域の賑わいと活力を生み出す民間収益施設を整備するものです。

　事業手法として，PFI手法（BTO方式）が採用され，MICE施設や駐車場の

ほか，民間収益施設（PFI事業の付帯施設）としてホテル「ヒルトン長崎」（200室）およびNBC長崎放送新社屋が整備されます。

図表２−13−４　事業概要

事 業 名	長崎市交流拠点施設整備・運営事業
発 注 者	長崎市（長崎県）
受 注 者	㈱ながさきMICE（代表企業：㈱九電工）
事 業 手 法	施設整備：サービス購入型（大規模修繕，更新も市負担） 維持管理・運営：独立採算型（事業者は利益から市に納付金納付） 民間収益施設：期間50年の定期借地権を設定し，民設民営で実施
事 業 期 間	設計・建設，開業準備：2018年７月〜2021年10月 維持管理・運営　　　：2021年11月〜2041年10月
施 設 規 模	コンベンションホール：2,720m²，イベント・展示ホール：3,840m²， 会議室：25室，2,260m²，駐車場300台
事 業 費	提案金額：約147億円（税込）

（出所：長崎市HP，出島メッセ長崎HPより当社作成）

図表２−13−５　MICE施設と民間収益施設の配置イメージ

（出所：長崎市HP）

(2)　研究施設

　公共が整備する研究開発のための施設は，地域企業の技術力向上，ベンチャー企業育成，企業誘致，新たな産業の育成などのために重要な役割を担っています。本項では，神奈川県が中核となって事業を進めた2つのプロジェクト（かながわサイエンスパークおよびライフイノベーションセンター）を紹介します。

①　かながわサイエンスパーク

　かながわサイエンスパークは，神奈川県川崎市の工場跡地に整備された日本初の都市型サイエンスパークです（1989年7月開業）。バイオ，IT，半導体，エレクトロニクス，メカトロニクス等を中心とした分野の企業が先端技術の研究開発に取り組んでおり，約3,400人が働いています。

　本プロジェクトの中心となっている㈱ケイエスピーは，神奈川県，川崎市，日本政策投資銀行および民間企業46社により1986年12月に設立された第三セクターで，施設整備・運営のほか，ベンチャー企業の事業化支援，ベンチャーファンド組成などビジネスインキュベーターとしての役割を果たしています。

図表2－13－6　**施設概要**

施　設　規　模	敷地面積：55,362m²，建物延床面積：146,336m²
R　&　D　棟	大型研究所マルチテナントビル 開放感のある環境のなか，研究テーマ，ニーズに柔軟に対応できる建物構造
イノベーションセンタービル西棟	ベンチャー企業向けオフィス，ホール・会議室，ホテル（73室），店舗・郵便局など
イノベーションセンタービル東棟	研究所仕様のビル 床荷重500kg/m²（1F・2Fは1t/m²）とさまざまな重機器に対応
施　設　所　有　者	㈱ケイエスピー，日本生命保険相互会社，明治安田生命保険相互会社，三井住友信託銀行㈱，飛島建設㈱
事　　業　　費	約650億円

（出所：かながわサイエンスパークHPより当社作成）

図表2−13−7　施設全景

（出所：かながわサイエンスパークHP）

②　ライフイノベーションセンター

　神奈川県と川崎市は，多摩川をはさんで羽田空港と向かい合う川崎市殿町地区に殿町国際戦略拠点「キングスカイフロント」を整備し，最先端のライフサイエンス産業・研究機関の集積を進めています。

　ライフイノベーションセンターは，その中核として，ベンチャー向けオフィス，オープンラボ，会議室などの交流施設を持つ施設です（2016年4月開業，延床面積16,000㎡）。事業手法は，土地所有者である神奈川県と民間事業者（大和ハウス工業㈱）が事業契約と土地使用貸借契約（20年間）を結び，民間事業者が施設整備・運営を行うPPP事業です。

　かながわサイエンスパークの事業主体である㈱ケイエスピーが，30年におよぶ豊富な経験とネットワークを活かして本事業にも参画し，施設内にKSP Biotech Labを設け，再生・細胞医療分野の研究開発成果の早期事業化・産業化を図るため，幅広い支援活動を行なっています。

第14節　水道・工業用水道施設

　水道・工業用水道事業は，人口減少社会の到来や企業の生産拠点の海外移転，節水技術の向上等による将来的な水道需要の減少，管路等の老朽化の進行・更新の遅れ，自然災害による水道被害の多発，水道事業職員の高齢化・職員数の減少といった課題を抱えています。このような課題に加え，新型コロナウィルス感染拡大の影響による水道料金の減免措置をとる地方自治体も多く，現在の料金水準を前提とした事業運営の持続可能性がますます懸念されており，より効率的な事業運営を目的として，公民連携手法の導入が検討されています。

　水道・工業用水道事業の分野における主な公民連携手法を公共の関与度合いの高いものから区分すると，①民間委託（個別・包括委託），②第三者委託，③指定管理者制度，④DBO・DBM方式，⑤官民共同出資会社方式，⑥PFI手法，⑦公共施設等運営権方式および⑧完全民営化といった手法が考えられます。

(1)　民間委託（個別・包括委託）

　民間委託には，民間事業者のノウハウ等の活用が効果的な業務（施設設計，水質検査，施設保守点検，メーター検針，窓口・受付業務など）を，個別に民間に委託する個別委託や，複数業務を一括して委託する包括委託があります。

　厚生労働省の水道事業における公民連携手法と取組状況に関する調査（2019年度）によれば，水道事業では，運転管理に関する委託は3,117施設（624水道事業者）あり，そのうち，包括委託は1,091施設（179水道事業者）で実施例があります。また，工業用水道事業でも，北海道，埼玉県，新潟県，三重県，佐賀県など全国で実施例があります。

(2)　第三者委託

　第三者委託は，浄水場の運転管理業務等の水道の管理に関する技術的な業務について，水道法上の責任を含め委託する手法で，2002年4月に施行された改正水道法により創設された手法です。第三者委託には，民間事業者に委託する場合と他の水道事業者に委託する場合とがあります。

　厚生労働省の調査（2019年度）によれば，民間事業者への委託は，「広島県水道用水供給事業本郷浄水場」，「箱根地区水道事業包括委託」など304施設（51水道事業者），ほかの水道事業者（市町村等）への委託は，「福岡地区水道企業団多々良浄水場」，「横須賀市小雀浄水場」など13施設（10水道事業者）で実施例があります。

(3)　指定管理者制度

　指定管理者制度の導入分野としては，体育館，市民ホールなど利用料金が発生する施設が多いですが，水道・工業用水道事業への導入事例もあります。

　水道事業においては，高山市（岐阜県）で，水道施設（取水施設，浄水場および排水池等）の運転管理業務に指定管理者制度を活用した事例があります。また，工業用水道事業においては，秋田県が，浄水場，管路等の運転管理業務に指定管理者制度を導入しています。

(4)　DBO・DBM方式

　DBO方式は，地方自治体（水道事業者，工業用水道事業者）が資金を調達し，施設の設計・建設・運転管理（DBM方式は運転を含まず維持管理のみ）などを包括的に民間事業者へ委託する公民連携手法です。

　水道事業においては，「かきつばた浄水場等」（愛媛県松山市），「ありあけ浄水場」（大牟田市・荒尾市），「山の田浄水場」（長崎県佐世保市），「滝沢浄水場等」（福島県会津若松市），「中田井浄水場」（愛媛県四国中央市），「青木浄水場」（新潟県見附市），「赤川高区浄水場」（北海道函館市）など多くの導入事例があります。また，工業用水道事業においては，「大庭・三島浄水場」，「八尾ポンプ場等」（すべて大阪広域水道企業団）で導入されています。

　このうち，本項では，「ありあけ浄水場」の事例を紹介します。

①　ありあけ浄水場

　大牟田市および荒尾市は，三池炭鉱とともに栄え，経済・生活圏を共有した地域で，両市の水道事業に先駆けて炭鉱専用水道が普及していました。市内の水道普及に伴い，行政運営上のさまざまな不均衡（料金，水質，水圧および消

火栓設置等）が問題になるとともに，1997年3月の三池炭鉱の閉山により，水道事業を市水へ一元化することになりました。これにより水需要の増加が見込まれましたが，両市ともに，水利権（豊水水利権）の不安定さ，水源である地下水の取水量抑制等の課題を抱えており，新たな水源の確保が必要となりました。

　国・熊本県との協議を経て，新たな水源として熊本県有明工業用水の余剰水を活用することとなり，浄水場整備・運営の共同化によるコスト削減，既存導水施設の有効利用，職員の育成強化等のメリットを享受するために，両市の共同事業としてDBO方式により事業を実施しています。本事業は，水道事業広域化の一環であり，県境を越える2市の共同運営となる国内初の取組みです。

図表2-14-1　ありあけ浄水場の外観および位置関係図

（出所：荒尾市HP（外観），荒尾市資料（位置関係図））

図表2-14-2　事業概要

事 業 名	大牟田・荒尾共同浄水場施設等整備・運営事業
発 注 者	大牟田市（福岡県），荒尾市（熊本県）
受 注 者	有明ウォーターマネジメント㈱（代表企業：メタウォーター㈱）
事業期間	設計・建設　　　：2009年6月～2012年3月 維持管理・運営：2009年6月～2027年3月
施設規模	敷地面積：約23,500m²，計画最大浄水量：26,100m³／日，浄水処理方式：セラミック膜ろ過方式
事 業 費	契約金額：約7,991百万円（税込）

（出所：大牟田市・荒尾市資料等より当社作成）

(5)　官民共同出資会社方式

　官民共同出資会社は，いわゆる第三セクター方式のことで，地方自治体と民間企業との共同出資により設立した事業体です。官民共同出資会社方式とは，水道事業者（地方自治体）が水道事業に係る業務の一部あるいは全部を，民間委託や第三者委託，指定管理者制度を活用して官民共同出資会社に委託する手法を意味します。地方自治体の水道事業職員不足や技術承継への対応だけでなく，民間ノウハウ等の活用が可能となるといったメリットがありますが，第三セクター方式と同様に，非効率な事業運営や指揮命令系統・責任の所在があいまいになってしまうおそれや，官民共同出資会社の地域独占により，適切な競争環境の確保や地元企業の育成が阻害されてしまう可能性もあります。

　水道事業における官民共同出資会社には，広島県の「㈱水みらい広島」（2019年3月から呉市が出資参画），長野県小諸市の「㈱水みらい小諸」，東京都の「東京水道㈱」，福岡県北九州市の「㈱北九州ウォーターサービス」があります。

　このうち，本項では，「㈱水みらい広島」の事例を紹介します。

①　㈱水みらい広島

　広島県では，水需要の減少，施設・設備の老朽化による更新投資の増加，職員の大量退職による技術力の低下などの課題を抱えていました。

　2010年に，広島県，受水市町および民間事業者等で設置された，水道事業に係る「公公民」連携勉強会から，公民連携について第三者委託と指定管理者制度を併用し民間の経営の自由度を高めること，広域化について管理の一元化から取り組むこと等が必要であり，その方策として公民共同企業体を設立することなどの提言がありました。この提言を受け，2012年に，県と民間が出資して株式会社を設立し，同社を県営水道事業の指定管理者とすることにより，官と民が有するノウハウや技術力を生かしながら事業運営を行うこととなりました。

　その結果，民間ノウハウの活用や広域化（規模の経済）によるコスト削減，職員派遣等による技術力の維持・向上・継承といったメリットが期待されます。

　㈱水みらい広島は，尾道市，江田島市，廿日市市および三原市の水道事業において，浄水場の運転監視・維持管理などの業務の委託を受けるとともに，広

島県営水道事業（沼田川水道用水供給水道事業・工業用水道事業および広島西部地域水道用水供給水道事業）や呉市水道事業・工業用水道事業において，指定管理者として，水道施設および工業用水道施設の運転管理・維持管理等の業務を行っています。

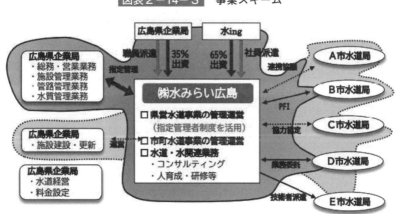

図表2－14－3　事業スキーム

（出所：㈱水みらい広島資料）

(6)　PFI手法

　水道事業単独では，「朝霞・三園浄水場」（東京都），「寒川浄水場」（神奈川県），「江戸川・北総浄水場」（千葉県），「川井浄水場」（神奈川県横浜市），「旭町・清水沢浄水場」（北海道夕張市），「男川浄水場」（愛知県岡崎市），「上ヶ原浄水場」（兵庫県神戸市）で，水道・工業用水道事業の両方を対象とした事業では，「大久保浄水場」（埼玉県），「知多・高蔵寺・尾張東部・上野・豊田・幸田・安城・豊橋・豊川・豊橋南部・犬山・尾張西部浄水場」（愛知県）でPFI手法が導入されています。

　このうち，本項では，愛知県の「犬山・尾張西部浄水場」の事例を紹介します。

①　犬山・尾張西部浄水場

　愛知県では，浄水場をはじめとする社会資本施設の老朽化に伴う更新・長寿

命化対策が喫緊の課題となっており，浄水工程に直接影響を与えない浄水場の排水処理業務について，県内を愛知用水，三河および尾張の３地域に分けて，順次PFI手法を導入してきました。先行する愛知用水地域（知多・高蔵寺・尾張東部・上野浄水場），三河地域（豊田・幸田・安城・豊橋・豊川・豊橋南部浄水場）の各浄水場がPFI手法により順調に運営されていることから，民間資金，ノウハウ等を活用して，県営浄水場のサービス水準を向上させるとともに，県の財政負担の軽減を図るため，尾張地域（犬山・尾張西部浄水場）についてもPFI手法（BTO方式，混合型）を導入することとしました。

　事業の概要としては，民間ノウハウ等を活用して，犬山・尾張西浄水場において排水処理施設を整備，維持管理・運営することに加え，犬山浄水場における常用発電設備および太陽光発電設備の整備，維持管理・運営（発電した電力は自家消費し，余剰電力は再生可能エネルギーの固定価格買取制度を活用し売電），両浄水場で発生する浄水汚泥の有効活用（浄水汚泥を脱水処理して脱水ケーキに再生し，園芸用土や舗装材の原材料として販売）を行うことにより，県の財政負担軽減に大きく貢献しています（事業者選定時VFM：約28%）。

図表２−14−４　犬山浄水場（上：水道用水）および尾張西部浄水場（左下：水道用水（稲沢市），右下：工業用水（一宮市））の外観

（出所：愛知県HP）

図表2－14－5　事業概要

事業名	犬山浄水場始め2浄水場排水処理及び常用発電施設等整備・運営事業
発注者	愛知県
受注者	尾張ウォーター＆エナジー㈱（代表企業：月島機械㈱）
事業期間	設計・建設　　　：2014年12月〜2017年3月 維持管理・運営：2017年4月〜2037年3月
施設規模	施設能力：344,300m³／日（犬山浄水場），169,000m³／日（尾張西部浄水場） 給水対象：11市，1町，1広域事務組合，2企業団
事業費	契約金額：8,950百万円（税抜）

（出所：愛知県資料より当社作成）

(7)　公共施設等運営権方式（コンセッション方式）

　水道事業においてコンセッション方式を導入する場合，従来は，公共施設等運営権者（民間事業者）が水道法に基づく水道事業の認可を取得したうえで実施することとされていましたが，最終的な給水責任を地方自治体に残したうえでコンセッション方式の導入を可能とするよう水道法が改正され（2019年10月1日施行），地方自治体が水道事業者としての位置づけを維持しつつ，厚生労働大臣の認可を受けて，水道施設に関する公共施設等運営権を民間事業者に設定できる仕組みが新たに導入されました。

　一方，工業用水道事業においてコンセッションを導入する場合，公共施設等運営権者が工業用水道事業者になるケースとならないケースのどちらかを地方自治体が選択することができ，後者の場合，地方自治体が，供給規定に「公共施設等運営権者が公共施設等運営事業の対価として利用料金の一部を自らの収入として収受する権利を有する」旨を明記し，供給規定の変更の届出を行うことにより，工業用水道事業者としての位置づけを維持しつつ，工業用水道施設に関する公共施設等運営権を民間事業者に設定できます。

　水道事業においては，宮城県（宮城県上工下水一体官民連携運営事業）および大阪市（大阪市水道PFI管路更新事業等）で，また，工業用水道事業においては，熊本県（熊本県有明・八代工業用水道運営事業）および大阪市（大阪市工業用水道特定運営事業等）でコンセッション方式の導入検討が進んでいます。

　このうち，本項では，熊本県および宮城県の事例を紹介します。

①　熊本県工業用水道事業

　熊本県の有明・八代工業用水道事業は，施設の老朽化が進み，将来的な施設の更新・改修が必要となるだけでなく，供用開始時に想定していた重厚長大型の企業立地が進まなかったことにより，長らく契約水量が低迷していることに加えて，2002年度に整備されたダムの負担金の増加等により悪化した資金繰り改善のため，県の一般会計からの借入れが必要となったこと，専門的な技術や経験を有する技術系職員の減少により今後の事業運営を担う人材の確保が必要となるなど，厳しい経営環境に置かれていました。

　このような課題に対応するため，県は，有明・八代工業用水道事業の運営にコンセッション方式を導入することを決定しました。本事業は，工業用水道事業における共有施設の県の持分に対して公共施設等運営権を設定した点が非常に特徴的な事例です。

図表２－14－６　上の原浄水場および白島浄水場外観

（出所：熊本県資料）

図表２－14－７　事業概要

事 業 名	熊本県有明・八代工業用水道運営事業
発 注 者	熊本県
受 注 者	ウォーターサークルくまもと㈱（代表企業：メタウォーター㈱）
事業期間	維持管理・運営（統括マネジメント，工業用水等の供給，施設の更新）：2021年4月～2041年3月
施設規模	〈有明工業用水道事業〉 取水能力：36,374m³／日，給水能力：33,860m³／日，契約水量：

	14,774m³／日，給水事業所数：13（2021年 3 月時点）〈八代工業用水道事業〉取水能力：29,462m³／日，給水能力：27,300m³／日，契約水量：10,353m³／日，給水事業所数：24（2021年 3 月時点）
事業費	更新に係る業務の費用総額：1,494百万円（税抜）維持管理・運営に係る業務の費用総額：5,629百万円（税抜）

（出所：熊本県資料より当社作成）

②　宮城県上工下水一体官民連携事業

　宮城県は，水道用水供給事業（県内25市町村に対し約26万㎥/日を供給），工業用水道事業（約 9 万㎥/日を供給）および流域下水道事業（ 7 流域合計で約29万㎥/日の下水を処理）を行っていますが，人口減少の進展による将来的な供給水量・処理水量の減少，施設・設備・管路等の大規模な更新需要，県職員の減少による専門的な技術・経験の維持，継承等の課題が認識されています。

図表 2 - 14 - 8　宮城県の水道 3 事業の区域図

（出所：宮城県作成資料）

　このような状況から，水道用水供給事業，工業用水道事業および流域下水道事業の３事業を一体とし民間の力を最大限活用することにより，経費削減，更新費用の抑制，技術承継および新技術の導入等を可能とし，上下水道料金上昇の抑制や事業経営の安定化を期待し，コンセッション方式を導入することとしました。

図表２-14-9　事業概要

事 業 名	宮城県上工下水一体官民連携運営事業（みやぎ型管理運営方式）
発 注 者	宮城県
受 注 者	メタウォーターグループ（代表企業：メタウォーター㈱）
事業期間	2022年４月〜2042年３月（予定）
施設規模	〈水道用水供給事業〉 大崎（麓山浄水場：82千m³/日，中峰浄水場：19千m³/日），仙南・仙塩（南部山浄水場：279千m³/日） 〈工業用水道事業〉 仙台北部（麓山浄水場：59千m³/日，衡東浄水場：５千m³/日），仙塩・仙台圏（大梶浄水場：100千m³/日，熊野堂取水場：100千m³/日） 〈流域下水道事業〉 仙塩（仙塩浄化センター：222千m³/日），阿武隈川下流（県南浄化センター：138千m³/日），鳴瀬川（鹿島台浄化センター：11千m³/日），吉田川（大和浄化センター：48千m³/日）
事 業 費	県が自ら実施する場合の予定事業費総額：331,378百万円 運営権者が実施する場合の予定事業費総額：297,708百万円 削減額：33,670百万円，削減率：10.2%

（出所：宮城県資料より当社作成）

(8)　完全民営化

　水道法・工業用水道事業法上，民間事業者でも水道・工業用水道事業者としての認可・許可を得られれば，水道・工業用水道事業を経営することは可能です。水道事業では，リゾート地等の限定された地域において民営水道事業の事例が複数存在していますが，市町村内全域の水道事業を民間事業者が経営している事例はありません。

第15節　下水道施設・浄化槽

　下水道事業も，水道事業と同様，人口減少に伴う将来的な使用料収入の減少，排水管等の施設老朽化の進行・更新の遅れ，自然災害による下水道被害の多発，下水道事業職員の高齢化・職員数の減少といった課題に加え，事業費と比較した料金水準が著しく低くなっている事業体が多く，施設更新費用等の増大に伴い，下水道事業への一般会計からの繰入れによる財政負担が重くなっている地方自治体が多くみられます。このような事業環境において，現在の料金水準を前提とした事業運営の持続可能性が懸念されており，より効率的な事業運営を目的として公民連携手法の導入が検討されています。

　下水道事業の分野における公民連携手法を公共の関与度合いの高いものから区分すると，①民間委託（個別・包括委託），②指定管理者制度，③DBO方式，④PFI手法，⑤公共施設等運営権方式といった手法が考えられます。

(1)　民間委託（個別・包括委託）

　国土交通省の調査（2020年4月）によると，下水処理場の管理については9割以上が民間委託を導入しており，このうち，施設の巡視・点検・調査・清掃・修繕，運転管理・薬品燃料調達・修繕などを一括して複数年にわたり民間に委ねる「包括的民間委託」は，下水処理施設で531カ所（266団体），ポンプ場で893カ所（160団体），管路施設で38契約（26団体）導入されています。

　包括的民間委託は，民間に委託する業務範囲の大きさ等に応じて，レベル1（施設の運転管理の性能発注），レベル2（レベル1の業務範囲にユーティリティ調達業務を付加）およびレベル3（レベル2の業務範囲に保守点検・補修業務を付加）があります。

　このうち，本項では，かほく市の「上下水道施設維持管理業務の包括的民間委託」および柏市の「下水道管路施設の包括的民間委託」の事例を紹介します。

①　上下水道施設維持管理業務の包括的民間委託

　かほく市は，2004年に高松町，七塚町および宇ノ気町の3町が合併し誕生し

た市で，人口約３万５千人を有する，石川県のほぼ中央に位置する都市です。

　下水道事業については，面整備がほぼ完了し，維持管理や処理場の設備更新が事業の中心となってきており，2010年度に公共下水道事業および農業集落排水事業のそれぞれで３年間の包括的民間委託を導入し，コスト削減など一定の効果がありました。また，水道事業については，設備の保守点検を一部委託していましたが，基本的には直営で維持管理を実施していました。

　その後，市の財政悪化による一層の効率化の必要性や，急激な人員削減により維持管理レベルの維持が困難になってきたこと，また，上下水道３事業間の維持管理レベルの格差の是正を目的として，2013年度から５年間の事業期間で，公共下水道事業，農業集落排水事業および水道事業における施設を一体的に維持管理するスキームで包括的民間委託の事業手法を導入しました。当該手法の導入により，定量面では従来比８％のコスト削減効果がでており，定性面では維持管理の業務効率化と業務水準の底上げが期待されます。

図表２－15－１　かほく市における包括的民間委託スキーム

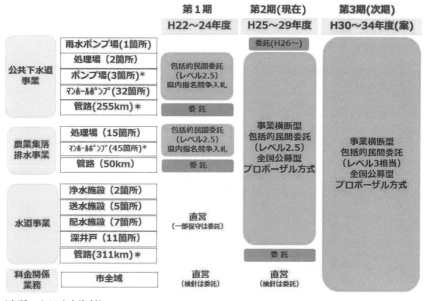

（出所：かほく市資料）

図表2－15－2　事業概要

事 業 名	かほく市上下水道施設維持管理業務の包括的民間委託
発 注 者	かほく市（石川県）
受 注 者	㈱西原環境
事 業 期 間	維持管理：2013年4月～2018年3月
施 設 規 模	図表2－15－1を参照
事 業 費	契約金額：843百万円

（出所：国土交通省資料より当社作成）

②　下水道管路施設の包括的民間委託

　柏市での下水道管路の維持管理は，2015年度までは事後保全型の対応でしたが，将来的に，道路陥没等のリスク増大，老朽化による改築更新需要の急増，職員減による執行体制縮小が懸念される中，2016年に「柏市下水道中長期経営計画」等を策定し，「予防保全型維持管理」体制に移行する方針を決定しました。

　「予防保全型維持管理」体制への移行に伴い，老朽化対策として新たな業務・費用の発生が見込まれましたが，市予算・職員の不足により対応が困難な状況であったため，検討の結果，包括的民間委託の導入を決定しました。当該委託は，計画的な調査・点検と改築工事をパッケージ化し，予防保全型の維持管理を目指す包括的民間委託として全国初めての試みとなります。

　包括的民間委託の導入に伴い，複数業務（下水道管路のカメラ調査および改築工事）のパッケージ化および複数年契約による効率化を通じて，サービス水準の確保・向上，コスト削減を図り，早期に予防保全型維持管理へと移行する

図表2－15－3　発注形態のイメージ

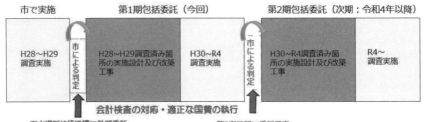

（出所：柏市資料）

ことにより，安心・安全な下水道サービスの提供が期待されます。

図表２−15−４　事業概要

事 業 名	柏市公共下水道管路施設包括的予防保全型維持管理業務委託
発 注 者	柏市（千葉県）
受 注 者	柏市公共下水道管路施設包括的予防保全型維持管理業務共同企業体（代表企業：積水化学工業㈱）
事業期間	維持管理等（統括管理業務，巡視点検，簡易カメラ調査，人孔点検，テレビカメラ調査，公共汚水桝点検，改築工事，ストックマネジメント見直し業務および点検調査データ管理業務ほか）：2018年10月〜2022年9月
施設規模	巡視点検（年間）：269km，簡易カメラ調査：500km，人孔点検：16,500カ所，テレビカメラ調査：93km，公共汚水桝点検：2,436カ所，改築工事：4,125m（管きょ），215カ所（人孔）
事 業 費	契約金額：約3,338百万円

(出所：柏市資料より当社作成)

(2)　指定管理者制度

　下水道事業において，事実行為（下水処理場・管渠等の運転，保守点検，補修，清掃等）については，指定管理者制度を活用することなく業務委託を行うことが可能であるほか，業務の内容に応じ指定管理者制度によることも可能とされていますが，排水区域内の下水道の利用義務付けや使用料等の強制徴収等の公権力の行使に係る事務等については指定管理者制度の適用が認められていません（平成16年３月30日　下水道企画課長通知「指定管理者制度による下水道の管理について」）。

　国土交通省の調査（2020年４月）によると，指定管理者制度は，下水処理施設で62カ所（20団体），ポンプ場で81カ所（９団体），管路施設で33契約（11団体）導入されています。

　このうち，本項では，茨城県の流域下水道事業の事例を紹介します。

①　茨城県流域下水道事業等

　茨城県では，民間活用による効率的な管理運営を目的として，県管理の流域

下水道事業および特定公共下水道事業において指定管理者制度を導入しています。

図表2-15-5　茨城県流域下水道事業等の概要

（単位：百万円）

事業名	指定期間	指定管理料 （2019年度）	施設概要
鹿島臨海都市計画下水道	2016年4月～ 2021年3月	938	終末処理場（深芝処理場），中継ポンプ場，マンホールポンプ場および幹線管渠等
那珂久慈流域下水道		1,300	処理場（那珂久慈浄化センター），中継ポンプ場，マンホール蓋および焼却施設（那珂久慈ブロック広域汚泥処理施設）
霞ケ浦湖北流域下水道	2017年4月～ 2022年3月	1,031	処理場（霞ケ浦浄化センター），中継ポンプ場，幹線流量計等の設備およびマンホール蓋
霞ケ浦常南流域下水道		1,159	処理場（利根浄化センター），中継ポンプ場および幹線（利根，学園都市西，筑波および河内）
霞ケ浦水郷流域下水道		244	処理場（潮来浄化センター），中継ポンプ場，幹線流量計等の設備およびマンホール蓋
県西流域下水道（利根左岸さしま，鬼怒小貝および小貝川東部流域下水道）		449	（利根左岸さしま流域下水道） 処理場（さしまアクアステーション），中継ポンプ場および幹線（三和，猿島） （鬼怒小貝流域下水道） 処理場（きぬアクアステーション），中継ポンプ場および幹線（下妻，千代川・石下） （小貝川東部流域下水道） 処理場（小貝川東部浄化センター），中継ポンプ場および幹線（岩瀬，明野，協和，つくば・下妻）

（出所：茨城県HPより当社作成）

(3)　DBO方式

　国土交通省の調査（2020年4月）によると，DBO方式は，下水処理施設で25契約（22団体），ポンプ場で1契約（1団体）導入されています。

　下水道事業へのDBO方式の導入事例としては，下水汚泥を利用して消化ガス発電や固形燃料化を行う事業が比較的多いですが，最近では下水処理場・ポ

ンプ場の改築・改良と維持管理を包括的に行う導入事例もあります。このうち，本項では，「大船渡浄化センター施設改良付包括運営事業」の事例を紹介します。

①　大船渡浄化センター施設改良付包括運営事業

大船渡市は，岩手県沿岸南部に位置し，人口約３万４千人，世界三大漁場である三陸沖を活かした水産業が基幹産業の１つである都市です。

同市の下水道事業においては，人口減少に伴う使用料収入の減少，施設等の老朽化などの，ほかの地方自治体と同様の課題以外にも，計画に対して整備率が低く，今後もしばらく管路・施設整備が必要であること，処理水量は毎年増加しており，今後の増加に対応するため，早急に処理能力の増強が必要でした。

こうした課題に対応するため，同市は，2013年度から国土交通省の支援を得ながら，中長期的な視点で最適な対応方策について検討した結果，DBO方式を採用することとしました。当事業においては，従来計画にあった処理系列の増設ではなく，高効率の処理方式の導入によって想定される流入汚水量の増加に早急に対応するとともに，施設の改築・更新と維持管理とを包括して民間に委託することで，より効率的な下水処理場の運営を図ることを目的としています。

同市の試算では，同手法の導入により施設整備費約2,708百万円（従来方式：4,453百万円，新方式：1,745百万円），維持管理費64百万円（従来方式：753百万円，新方式：689百万円）のコスト削減効果が出ています。

図表２−15−６　**大船渡浄化センターにおける水処理フロー**

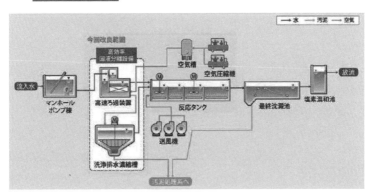

（出所：大船渡市資料）

図表2－15－7　事業概要

事 業 名	大船渡浄化センター施設改良付包括運営事業
発 注 者	大船渡市（岩手県）
受 注 者	大船渡下水道マネジメント㈱（代表企業：メタウォーター㈱）
事業期間	維持管理および施設改良（設計・施工）：2018年4月～2023年3月
施設規模	大船渡浄化センター（6,400m³/日×2系統），マンホールポンプ（管路は事業の対象外）
事 業 費	契約金額：（設計・施設改良業務）1,611百万円（税込），（維持管理業務）689百万円（税込）

（出所：大船渡市資料より当社作成）

(4)　PFI手法

　国土交通省の調査（2020年4月）によると，PFI手法は，下水処理施設で10契約（7団体），管路施設で1契約（1団体）導入されており，下水汚泥を利用したバイオマス発電や固形燃料化を行う事業が多くなっています。

　このうち，本項では，民間ノウハウ活用により財政負担軽減につながった「豊橋市バイオマス資源利活用施設整備・運営事業」と，PFI手法を活用して下水道管渠長寿命化および浄化槽整備を前倒しすることに成功した富田林市「下水道管渠長寿命化PFI事業・浄化槽整備推進事業」の事例を紹介します。

①　豊橋市バイオマス資源利活用施設

　豊橋市は，人口約37万人を有する，愛知県南部，東三河地方の都市です。

　本事業は，未利用バイオマス資源のエネルギー利用のため，下水道汚泥に加え，し尿・浄化槽汚泥，一般廃棄物（事業系生ごみ，家庭系生ごみ）を，嫌気性消化施設を導入した中島処理場に集約・混合したうえで，微生物による嫌気性消化（メタン発酵）処理を行うことによりバイオガスを取り出し，エネルギーとして利活用（売電）を行う事業です。PFI手法（BTO方式，混合型）を活用することにより，中島処理場・豊橋市資源化センターの設備等の更新コストおよび汚泥乾燥に係る維持管理コストの削減等に加え，民間ノウハウを生かし，さらなるコスト削減およびサービス品質の向上を図ることが期待されまし

た。その後，事業者公募において３グループが入札に参加した結果，事業者選定時VFM55％（特定事業選定時VFM：5.4％）という非常に高い財政負担の軽減を達成しました。

図表２−15−8　**豊橋市バイオマス利活用センター外観**

（出所：豊橋市HP）

図表２−15−9　**事業概要**

事 業 名	豊橋市バイオマス資源利活用施設整備・運営事業
発 注 者	豊橋市（愛知県）
受 注 者	㈱豊橋バイオウィル（代表企業：JFEエンジニアリング㈱）
事業期間	設計・建設，維持管理・運営：2014年12月〜2037年９月
施設規模	・処理設備：下水道汚泥，し尿・浄化槽汚泥・生ごみのバイオガス化施設（下水道汚泥・し尿・浄化槽汚泥濃縮設備，生ごみ受入・前処理設備，メタン発酵設備，バイオガス利活用設備（ガス発電設備）および汚泥利活用施設（炭化設備）等） ・処理量：汚泥（約472m³／日），生ごみ（約59t／日）
事 業 費	契約金額：14,785百万円

（出所：豊橋市資料より当社作成）

②　富田林市下水道管渠長寿命化PFI事業・浄化槽整備推進事業

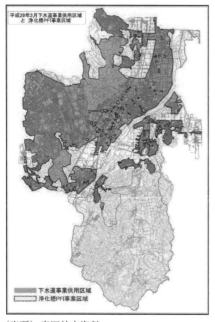

図表2−15−10　下水道事業供用区域と浄化槽PFI事業区域

（出所）富田林市資料

　富田林市は，人口約11万人を有する，大阪府の南河内地域に位置する都市です。

　市の公共下水道事業は，市北部の人口密集地域で供用されており（2017年度末の下水道人口普及率：90.1％），市南部の汚水処理は2005年度からPFI手法（BTO方式，サービス購入型）を導入して浄化槽整備推進事業を実施しています。

　公共下水道事業において，市は，過年度より管更生による管渠の維持管理を進めるとともに，複数の処理分区において長寿命化を実施してきましたが，技術職員の減少，管渠施設の改築需要の増加，不明水に係る大阪府流域下水道事業への支払負担金の増加等の課題に直面していました。こうした課題に対応して，将来的な市の財政負担の軽減・平準化を図るため，下水道管渠の長寿命化を図る事業にPFI手法（BT方式，混合型）を導入することとしました。

　事業の概要としては，下水道管渠の長寿命化対策（管更生等設計，施工を一括発注）を行うだけでなく，不明水対策を管更生と宅地内誤接続解消の改善の両面から調査する不明水調査（取付管調査，排水設備誤接続調査）および排水設備改修工事の実施を一括して民間事業者に委ねる事業となっています。本事業の実施により，長寿命化対策を前倒しで実施することが可能となるだけでなく，総事業費の低減が図れ，かつ，市職員の事務量削減・職員減少にも耐えうる体制の整備や大阪府流域下水道事業への支払負担金を低減させることが期待されています。

図表2−15−11　事業概要（公共下水道）

事業名	富田林市下水道管渠長寿命化PFI事業
発注者	富田林市（大阪府）
受注者	藤野興業㈱
事業期間	2019年3月〜2024年3月
施設規模	下水道汚水管渠本管（加太五軒家および金剛東処理分区） 汚水管更生工事：3,170m，ます・取付管調査：3,470カ所，ます・取付管改修工事：未確定，マンホール蓋取替工事：856カ所，マンホール目視調査：1,108カ所，排水設備誤接続調査：3,500カ所（調査を辞退されるケースを考慮し，全数4,957カ所の7割程度を計上）
事業費	落札価格：444百万円

（出所：富田林市資料等より当社作成）

図表2−15−12　事業概要（浄化槽）

事業名	富田林市浄化槽整備推進事業（第1期・第2期）
発注者	富田林市（大阪府）
受注者	㈱FJS（代表企業：藤野興業㈱）（第1期・第2期）
事業期間	整備（第1期）　　　　　　　　：2006年1月〜2011年12月 保守・管理（第1期）　　　　　：2006年1月〜2016年3月 整備，保守・管理（第2期）：2012年10月〜2023年3月
施設規模	浄化槽整備（第1期：東条および彼方地区）：450基（目標） 浄化槽整備（第2期：彼方上地区）　　　：325基（目標）
事業費	入札金額（第1期）：非公表 入札金額（第2期）：約337百万円

（出所：富田林市資料等より当社作成）

③　愛南町営浄化槽整備推進事業

　愛南町は，人口約1万9千人を有する，愛媛県の最南端に位置する町です。

　愛南町では，従来，農業・漁業集落排水事業の集合処理を除いて，町全域で個人設置型の浄化槽設置整備事業による生活排水の個別処理が進められていましたが，2004年の合併（南宇和郡の旧5町村による合併）前の事業を個別に実施しており，合併後の町全体として効率的な整備が進んでいないことが課題でした。そこで，町全体でより効率的に浄化槽の整備を行い，町の事務負担および財政負担の軽減を目指して，愛媛県で初めてPFI手法（BTO方式，サービス

購入型）の導入を決定しました。

　PFI手法の導入により，第1期事業を開始した2010年度以降，効率的な浄化槽整備により汚水処理人口普及率の伸び率が向上しただけでなく，町の財政負担を軽減したうえで，事業展開に必要な一連の業務を民間事業者に委託することができ，町の事務負担を大きく軽減することが可能となるなどの導入効果が出ています。また，第1期事業で導入効果が出たことにより，町内区域での浄化槽整備の促進のため，第2期事業でもPFI手法が導入されています。

図表2-15-13　事業概要

事 業 名	愛南町営浄化槽整備推進事業（第1期・第2期）
発 注 者	愛南町（愛媛県）
受 注 者	㈱愛南SPC（代表企業：㈲滝野産業）（第1期・第2期）
事業期間	整備（第1期）　　　　　　：2010年10月～2020年3月 保守・管理（第1期）　　　：2010年10月～2023年3月 整備，保守・管理（第2期）：2020年4月～2030年3月
施設規模	浄化槽整備（第1期）：概ね2,200基（目標） 浄化槽整備（第2期）：概ね800基（目標）
事 業 費	入札・契約金額等（第1期・第2期）：非公表

（出所：愛南町資料等より当社作成）

(5)　公共施設等運営権方式（コンセッション方式）

　下水道法では，下水道の目的を公衆衛生の向上，都市の健全な発達および公共用水域の水質保全と明記しており，下水道事業を運営する主体として，公共下水道の事業主体は原則として市町村，流域下水道の事業主体は都道府県であると定めており，それぞれが事業の最終的な責任を有しています。そのため，下水道事業における施設等の維持管理・運営を行う事業にコンセッション手法を導入する場合，地方自治体が下水道事業の管理者としての位置付けを維持しつつ，下水道施設に関する公共施設等運営権を民間に設定することになります。

　国土交通省の調査（2020年4月）によると，コンセッション方式は，下水処理施設で2契約（2団体），ポンプ場で1契約（1団体），管路施設で1契約

（1団体）導入されています。本調査における数値は，静岡県浜松市および高知県須崎市における下水道事業へのコンセッション手法の導入事例を指しており，宮城県上工下水一体官民連携運営事業（本章第14節(7)を参照）を加え，導入事例は合計3件になります。

このうち，本項では，「浜松市公共下水道終末処理場（西遠処理区）運営事業」の事例を紹介します。

①　浜松市公共下水道終末処理場（西遠処理区）運営事業

浜松市は，人口約79万人を有する，静岡県西部，遠州地方の都市です。

浜松市は，1959年に事業認可を受け，1966年に通水を開始して以来，11処理区を有する公共下水道事業を実施しています。西遠流域下水道事業は，静岡県で最初の流域下水道として1986年に供用が開始されましたが，2005年に流域の市町が合併し，処理区域（西遠処理区）がすべて浜松市となったため，2016年に静岡県から浜松市に下水道事業が移管されました。その際に移管された下水道施設（終末処理場（西遠浄化センター）および中継ポンプ場等）の維持管理・運営にあたって市職員の増員が必要となりますが，市では行財政改革の一環として組織のスリム化に取り組んでおり，市職員の大幅な増員がむずかしい状況にありました。

このような状況に対応するため，市は，事業移管後の体制構築と下水道事業のさらなる効率化のため，コンセッション方式の導入を決定しました。

当事業においては，終末処理場等の維持管理・運営に加え，下水道施設における機械・電気設備の改築更新も民間が行う（整備費の10分の1相当額を負担）ことにより，下水道事業の経営・改築・維持管理・運営を一体化し，民間ノウハウの活用による事業の全体最適を図ることを目指しています。コンセッション方式の導入により，VFM14.4％（86.6億円）の財政負担軽減が見込まれており，下水道施設の老朽化に伴う計画的な更新や耐震化事業の推進等の対応など，市の下水道事業の今後の負担増加に充当することが可能となります。

図表２−15−14　西遠浄化センター全景

（出所：旧静岡県下水道公社）

図表２−15−15　事業概要

事 業 名	浜松市公共下水道終末処理場（西遠処理区）運営事業
発 注 者	浜松市（静岡県）
受 注 者	浜松ウォーターシンフォニー㈱（代表企業：ヴェオリア・ジャパン㈱）
事業期間	2018年４月〜2038年３月
施設規模	（西遠浄化センター）敷地面積：281千m²，処理能力：最大200千m³／日 （ポンプ場）送水能力：57m³／分（浜名），3.5m³／分（阿蔵）
事 業 費	運営権対価の額　　　　　　　：25億円（税抜） 改築に係る業務の費用総額：約251億円（税抜）

（出所：浜松市資料より当社作成）

第16節　都市公園

　公園は営造物公園と地域制公園の大きく２つに区分されます。本節で取り上げる都市公園は，営造物公園のうち，都市公園法に基づき，国または地方自治体により設置された公園または緑地をさします。国または地方自治体が，土地の権原を取得し，目的に応じた公園の形態を創り出し，一般に公開する公園のことを営造物公園といいます。他方，地域制公園とは，自然公園法に基づき，国や地方自治体が土地の権原に関係なく，一定の区域を公園として指定し，土地の利用の制限や一定の行為の規制等によって自然景観を保全することを主な目的とする公園をさします。

　都市公園は，1956年に都市公園法が制定されて以降，1960年度末時点では約4,500カ所（面積約1.4万ha）でしたが，年々数を増やし，2019年度末時点では約11万カ所（面積約12.8万ha）と多くの地方自治体にとって，量的にも，規模的にも管理負担の大きい公共施設といえます。

図表２−16−１　国土交通省による公園区分

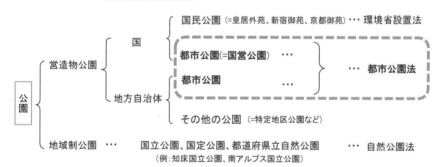

（出所：国土交通省資料より当社作成）

　都市公園の抱える課題は，他の公共施設と同様に，国・地方自治体の財政状態の悪化に伴い，整備・維持管理費のコスト削減を求められることに加え，多様化する利用者ニーズをもとに都市公園の質を向上させる必要があることです。このような背景のもと，公民連携手法の導入による，民間ノウハウを活用した

公園施設のリニューアルや維持管理・運営される事例が増えており，公園の魅力向上や賑わい創出が全国各地で図られています。都市公園における主だった公民連携手法の比較を示すと，**図表2－16－2**のようになります。

　本節では，都市公園における公民連携手法として代表的な，P-PFI，PFI手法，指定管理者制度の手法を活用した先行事例を紹介します。

図表2－16－2　都市公園における公民連携手法の比較

制度名	根拠法	事業期間の目安	特徴
指定管理者制度	地方自治法	3-5年程度	・民間事業者等の人的資源やノウハウを活用した施設の管理運営の効率化（サービスの向上，コストの縮減）が主な目的。 ・一般的には施設整備を伴わず，都市公園全体の維持管理・運営を実施。
設置管理許可制度	都市公園法（第5条）	10年（更新可）	・公園管理者以外の者に対し，都市公園内における公園施設の設置，管理を許可できる制度。 ・民間事業者が売店やレストラン等を設置し，管理できる根拠となる規定。
P-PFI（公募設置管理制度）	都市公園法（第5条の2〜第5条の9）	20年以内	・飲食店，売店等の公募対象公園施設の設置または管理と，その周辺の園路，広場等の特定公園施設の整備，改修等を一体的に行う者を，公募により選定する制度。
PFI手法	PFI法	10-30年程度	・民間の資金，経営能力等を活用した効率的かつ効果的な社会資本の整備，低廉かつ良好なサービスの提供が主な目的。 ・都市公園ではプールや水族館等大規模な施設との一体的な整備運営等を行う事業での活用が進んでいる。
その他（DB・DBO方式等）	―	―	・民間事業者に設計・建設等を一括発注する手法（DB方式）や，民間事業者に設計・建設，維持管理・運営等を長期契約等により一括発注・性能発注する手法（DBO方式）等がある。

（出所：国土交通省資料より当社作成）

(1)　P-PFI

　2017年の都市公園法改正により創設されて以来，P-PFIの活用事例が増加（公募設置等指針を公表した事例は，2020年7月時点で48件）しています。増加を促しているのは，P-PFIのメリットを活かし，都市公園の再整備により地域活性化を図れることに加えて，地方自治体が負担する再整備費用等の金額の1/2について国が支援する交付金を活用できることも大きな理由の1つです。

　第1章第1節(4)で述べたとおり，交付金を活用するには，P-PFIにおける公募対象公園施設からの収益還元により，特定公園施設の整備費の1割以上を削減する必要があります（事業費要件の充足）。その意味で，公募対象公園施設からの収益還元を見込みやすい都市公園が対象になっていると考えられます。

①　勝山公園鷗外橋西側橋詰広場

　勝山公園は，「北九州市緑の基本計画」において，福岡県北九州市のシンボル公園に位置づけられ，鷗外橋西側橋詰広場は，勝山公園のエントランス空間であることから，シンボル公園の顔となる整備および活用を目指し，全国で初めてP-PFIを活用した事業が実施されています。

　本事業は，市民からの休息や飲食のできる場所などの設置要望に応えるため，当初，設置管理許可制度の活用が検討されていましたが，マーケットサウンディングの調査で，設置管理許可の年数が10年では，投資回収期間としては短いとの意見があり，設置管理許可の付与が20年以内となるP-PFIでの実施に至りました。P-PFI適用による特別措置をうまく活用し，事業化した事例です。

図表2−16−3　広場全景およびカフェ外観

（出所：北九州市HP）

図表2-16-4　事業概要

事 業 名	勝山公園鷗外橋西側橋詰広場における便益施設等の公募設置等
発 注 者	北九州市（福岡県）
受 注 者	㈲クリーンズ
事 業 期 間	2018年～2037年
施 設 規 模	事業対象面積：約3,200m² 特定公園施設：パーゴラ，ベンチ・テーブル，サークルベンチ，植栽等 公募対象公園施設：カフェ（建築面積：約200m²，客席：35卓97席）
事 業 費	整備費：約15.5百万円（市：約13百万円，民：約2.5百万円），土地使用料：200千円/月

（出所：北九州市資料，国土交通省資料より当社作成）

(2)　PFI手法

　都市公園においてPFI手法が活用されるのは，施設整備を伴う事業規模が大きい事業や，公園と体育館，陸上競技場，プール等の公共施設を組み合わせて一体的に整備する場合にみられます。また，PFI手法とP-PFI，指定管理者制度等の公民連携手法を組み合わせ，それぞれのメリットを生かして事業化する事例も見られます。

　例えば，PFI手法とP-PFIを併用する場合，対象施設・事業を明確に区分することにより，公募対象公園施設や特定公園施設についてP-PFIに係る特例や国の交付金を活用するとともに，PFI手法により大規模施設の整備等も含め，都市公園の一体的な整備・管理を行うことができます。加えて，PFI手法を活用することで公共施設等の整備等に係る支出の繰延べにより，財政負担の平準化も可能とします。

①　佐世保市中央公園

　中央公園は開設から40～50年が経過し，公園施設の老朽化や児童文化館，プラネタリウムの移転などに伴い以前のような活気が見られなくなり，老朽化した施設のリニューアルや周辺の公共施設の跡地活用が検討されていました。

　本事業は，民間の柔軟な発想やノウハウを活用し，中央公園に新たな価値を創出することで，市民の憩いの場，また，子育て世代や若年層を中心とした交

流の場となることを目指し，民間事業者が設置する「公募対象公園施設」（レストランや売店等）から生じる収益を活用してその周辺の「特定公園施設」の整備等を一体的に行う，P-PFIとPFI手法とを併用する全国で初めての事業です。

図表２-16-5　屋内遊び場施設とレストランのイメージ

（出所：佐世保市資料）

図表２-16-6　事業概要

事 業 名	中央公園整備及び管理運営事業
発 注 者	佐世保市（長崎県）
受 注 者	庭建パークマネジメント㈱（代表企業：㈱庭建）
事 業 期 間	設計・建設　　　：2020年４月～2022年３月 維持管理・運営：2022年４月～2040年３月
施 設 規 模	事業区域の面積：約54,240m²（公園面積：約137,000m²） 屋内遊び場（約1,050m²），キャンプ場・屋外遊び場（約4,050m²）， 自由提案施設（飲食店：約340m²，食物販店：約160m²），駐車場， トイレ等
事 業 費	契約金額：約1,326百万円（税込）

（出所：佐世保市資料より当社作成）

⑶　指定管理者制度

　指定管理者制度を活用している全国の都市公園数は，2015年度末時点において約１万３千カ所（全体の12%相当）あります。地方自治法上，指定管理者の指定期間に係る上限は定められていませんが，各地方自治体の条例等において，期間が定められており，都市公園においては，５年程度が一般的です。

　指定管理者制度の活用においては，民間事業者のノウハウ等の活用により，

コストの削減や，サービス向上等が期待できる一方で，コストの削減が過度に強調されてしまうケースがあるため，サービス水準の確保とコスト削減のバランスを保つことが重要です。

①　大阪城公園

　大阪城公園および公園内の複数の公共施設は，「大阪都市魅力創造戦略」において，重点エリアの1つに位置づけられ，大阪市は，新たな魅力を備えた世界的な歴史観光の拠点として，同公園を管理運営することを目指しています。

　本事業は，大阪城公園および複数施設を対象施設とし，当該施設を維持管理・運営することに加え，公園全体の魅力を向上させるPark Management Organization事業です。本事業の特徴としては，20年間の指定期間を認め，大阪城天守閣や駐車場等の有料施設からの収入や事業者による新たな収益事業の実施を認めることで，市が事業者に対して指定管理料を支払わない独立採算型の事業となっている点があげられます。

図表2－16－7　**事業概要**

事 業 名	大阪城公園パークマネジメント事業
発 注 者	大阪市（大阪府）
受 注 者	代表企業：大阪城パークマネジメント㈱ 構成員：㈱電通ほか4社
事 業 期 間	2015年4月〜2035年3月
施 設 規 模	開設面積：1,055,000m^2 大阪城公園，大阪城野球場，大阪城西の丸庭園，豊松庵（茶室），大阪城天守閣，大阪城音楽堂
事 業 費	納付金：（固定）約51億円，（変動）収益の7％ （2018年度以降，3年ごとに大阪市と事業者で協議）

（出所：大阪市資料，内閣府資料より当社作成）

第17節　道の駅・観光施設

(1)　道の駅

　2021年3月時点で，国土交通省に登録されている全国の道の駅は1,187駅あります。長距離ドライブ，女性・高齢者ドライバーの増加，沿道地域の文化・歴史・特産物などの情報活用，活力ある地域づくりや道路を介した地域連携・交流促進のニーズの高まりといった背景のもと，道の駅には，道路利用者のための「休憩機能」，道路利用者や地域のための「情報発信機能」および近隣自治体が手を結び活力ある地域づくりをともに行うための「地域の連携機能」などが求められています。近年，特に，地域活性化・観光振興を目的とした賑わい創出のための「交流促進機能」や，自然災害の頻発に起因して「防災拠点機能」に重点が置かれた，地域の核となるような道の駅の整備が行われています。

　このような多機能化した道の駅の整備運営，特に，地域連携機能（地域活性化・観光振興）に重点が置かれるようなケースでは，民間ノウハウ等を活用する公民連携手法の導入が進んでいます。

①　指定管理者制度

　道の駅の分野においても，施設運営の公民連携手法としては指定管理者制度の導入が一般的です。

　このうち，本項では，道の駅に指定管理者制度を導入し，併設する水族館との相乗効果で観光客や地元客を誘客する，北海道千歳市の道の駅「サーモンパーク千歳」の事例を紹介します。

1）サーモンパーク千歳

　千歳市は，約9万7千人の人口を有する，北海道中部に位置する都市です。

　千歳市には，北海道の玄関口である新千歳空港，市西部には水質日本一を誇る支笏湖という交流・観光拠点がありますが，観光客に市街地を訪れてもらえるような魅力的な観光施設が少ないという課題がありました。

　現在の事業用地には，1994年に市が整備した「千歳さけのふるさと館」とい
う水族館がありましたが，入場者数が年々減少しており，機能充実や魅力的な
施設づくりの必要性から，サケが遡上する千歳川の河畔である立地も生かして，
市街地観光の核となる「目的型の道の駅」として再整備することになりました。

　再整備事業の手法として，DBO方式，リース方式＋指定管理者制度，PFI手
法などを比較検討した結果，費用削減効果，財政平準化，整備期間の短さ，事
業者の参入意欲および長期運営リスク等の点から，施設整備はリース方式，維
持管理・運営は指定管理者制度を組み合わせた事業手法が選択されました。

　具体的な業務分担として，地域振興施設（道の駅センターハウス）の整備に
ついては民間事業者が整備し（市がリース料を支払い），指定管理者の業務範
囲を地域振興施設とその周辺に限定し，駐車場，河川敷地，公園などの外構部
分の維持管理，収益スペースの内装・什器備品の整備については市が行うこと
になっています。また，指定管理料はゼロとし，指定管理者の収支差の50％を
市への納入金としています。

　このような手法の導入により，施設の整備，維持管理・運営に係る財政負担
が軽減・平準化され，発注手続に係る事務負担の軽減による供用開始までの期
間短縮，指定管理者のノウハウ活用によるサービス水準の向上などの効果が期
待されます。

図表2−17−1　施設イメージおよび施設配置図（右上：道の駅，左下：水族館）

（出所：サーモンパーク千歳HP等）

図表２−17−２　事業概要

事 業 名	道の駅「サーモンパーク」リニューアル事業
発 注 者	千歳市（北海道）
受 注 者	地域振興施設整備：大和リース㈱ 指定管理者：シダックス大新東ヒューマンサービス㈱
事業期間	2015年4月〜2023年3月
施設規模	敷地面積：約30,000m^2（河川敷含む），地域振興施設面積：約1,800m^2（鉄骨造1階建） • 休憩機能：駐車場，トイレ，アトリウム，ちびっこ広場およびイベント広場等 • 情報発信機能：案内窓口・情報提供コーナー • 地域連携機能：農産物直売所，飲食・物販店舗およびコンビニエンスストア等
事 業 費	道の駅リニューアル：約1,280百万円 水族館リニューアル：約350百万円（本事業とは別事業）

（出所：千歳市資料等より当社作成）

② **PFI手法**

　道の駅の施設整備費の規模が比較的大きく，整備，維持管理・運営を一体的に行うことによるコスト削減等を期待する場合においてはPFI手法が採用されることがあります。

　このうち，本項では，温浴施設を併設した健康支援型の道の駅と子育て世代等の定住促進のための公営住宅を一体的に整備した，「道の駅むつざわ つどいの郷」の事例を紹介します。

1）道の駅むつざわ つどいの郷

　睦沢町は，人口約7千人を有する，千葉県南東部に位置する町です。睦沢町では少子高齢化・人口減少の進展が著しいことから，2015年度に睦沢町まち・ひと・しごと創生「人口ビジョン」および「総合戦略」を策定し，持続可能なまちづくりの基幹となるプロジェクトとして，健康支援型の道の駅と公営住宅の一体開発の方向性を打ち出しました。

　本事業は，PFI法第6条に基づく民間提案制度を活用し，事業手法としてはPFI手法（BTO方式（健康支援施設についてはBOO方式），混合型）が採用さ

れました。「健康支援型の道の駅」は，先進予防型のまちづくりの中核拠点として，健康に必要な4要素「食」「憩」「運動」「参加」のメニューを提供し，町内・町外からも多くの集客が見込め，災害時の後方支援が可能となる施設を目指して整備・運営されます。また，公営住宅（地域優良賃貸住宅）には，子育て世代を中心に高齢者にも対応した住宅を建設し，町内への定住および世代間交流が促進される施設となることが期待されています。

　本事業で特に特徴的なのは，睦沢町内で生産された天然ガスや太陽光から発電した電力を道の駅および公営住宅に供給する，地産地消のエネルギーサービス（ガス発電機の排熱を再利用して加温した温水を温浴施設にも供給）が可能になっている点です。令和元年台風15号が関東地方を直撃した際，千葉県の広範囲で大規模な停電に陥り，電力復旧まで3日間を要しましたが，むつざわスマートウェルネスタウンでは，停電からおよそ5時間後からガスコジェネ発電機を起動させ，道の駅施設や隣接する住宅への電気供給を開始し，停電の翌日からは周辺住民に温水シャワー，トイレおよび携帯電話充電を無料開放し，延べ1,000人以上が利用するなど，高い防災拠点機能を発揮しました。

図表2－17－3　施設外観およびむつざわ温泉つどいの湯

（出所：道の駅むつざわ つどいの郷HP）

図表2－17－4　事業概要

事 業 名	むつざわスマートウェルネスタウン拠点形成事業
発 注 者	睦沢町（千葉県）
受 注 者	むつざわスマートウェルネスタウン㈱ （代表企業：パシフィックコンサルタンツ㈱）
事業期間	設計・建設　　　：2017年6月〜2019年7月 維持管理・運営：2019年9月〜2040年3月

施設規模	敷地面積：約28,635m^2 • 道の駅：休憩施設，情報発信施設，地域振興施設，健康支援施設（温浴施設等）および防災関連施設 • 地域優良賃貸住宅：戸建住宅33戸
事 業 費	落札金額：約2,570百万円（税抜）

（出所：睦沢町資料等より当社作成）

(2)　観光施設

　観光施設についても，施設老朽化の進展による建替えや耐震化への対応等に伴い，地域の新たな魅力を創造・情報発信することで，地域活性化や観光振興を図る事例が増えています。観光施設は，近隣住民だけでなく，観光客も多く訪問する集客施設であり，民間収益施設を併設する事例が多く，施設運営に民間のアイデア，企画力および経営能力を活用できる余地が大きいと考えられます。

　このような背景から，民間ノウハウを活用し，財政負担軽減と施設の効率的運営を実現することを目的として公民連携手法の導入が検討されています。

　このうち，本項では，史跡宇治川太閤堤跡と宇治の歴史・文化や特産品である宇治茶の魅力を発信し，周遊観光につながる観光拠点をPFI手法で整備運営する「お茶と宇治のまち歴史公園」の事例を紹介します。

①　お茶と宇治のまち歴史公園

　宇治市は，人口約18万人を有する（京都市に次いで京都府内２番目の人口規模），京都府南部に位置する都市です。

　本事業は，国史跡「宇治川太閤堤跡」の保存・活用を図り，「秀吉と宇治茶」を中心とした宇治の歴史・文化を総合的に分かりやすく伝えるとともに，宇治茶に関するさまざまな体験ができる観光交流の場とすることにより，周辺地域と連携して宇治の観光振興および地域振興を図ることを目的とした事業です。施設整備，維持管理・運営を一体的に発注することによるコスト削減，観光振興および地域振興への民間ノウハウの活用を期待して，PFI手法（BTO方式，混合型）の導入が決定されています。

　歴史公園は，京阪宇治駅北側に位置し，「宇治川太閤堤跡」と茶摘み体験も
できる昔の茶園の再現を中心とする史跡ゾーンと，宇治茶や宇治の歴史・文化
を発信するミュージアムを中心とする交流ゾーンから構成されます。また，交
流ゾーンには，来館者のスマートフォンに市内観光スポットの情報を取り込め
る情報発信コーナーもあり，市内周遊や街歩きの玄関口としての機能も期待さ
れています。

図表2−17−5　公園全景および施設外観イメージ

（出所：茶づなHP等）

図表2−17−6　事業概要

事 業 名	（仮称）お茶と宇治のまち歴史公園整備運営事業
発 注 者	宇治市（京都府）
受 注 者	㈱宇治まちづくり創生ネットワーク （代表企業：NECキャピタルソリューション㈱）
事業期間	設計・建設　　　：2018年10月〜2021年3月 開業準備　　　　：2021年4月〜2021年8月 維持管理・運営：2021年8月〜2037年3月
施設規模	（史跡ゾーン）敷地面積：14,078m² （交流ゾーン）敷地面積：10,406m²，延床面積：2,238m² ・ミュージアム，体験室，レストラン・喫茶，展望テラス，エントランス広場，庭園
事 業 費	契約金額：約2,535百万円（税込）

（出所：宇治市HP等より当社作成）

第18節　道路

　道路は，最も基本的な公共インフラの１つですが，歴史を振り返ると，民間の力によって建設された施設や公民連携が活用された事例も多く存在します。江戸時代には，江戸や大坂（現在の大阪）などにおいて，町人によって「町橋」が架けられました。地方都市でも，高知市のはりまや橋のように有名な観光地となっている例もあります。本節では，愛知県有料道路のコンセッション事業や道路管理の包括的民間委託などの最近の事例に加えて，PFIがわが国に導入される前のプロジェクトである東京湾アクアラインや東京高速道路KK線なども紹介します。

(1)　公共施設等運営権方式（コンセッション方式）

①　愛知県有料道路

　海外においては，道路，橋，トンネルの新設時に独立採算型等のコンセッション方式が多くの案件で用いられていますが，わが国においては，愛知県有料道路が現状では唯一の道路コンセッション案件で，2016年10月，運営権者である愛知道路コンセッション㈱による有料道路の運営が開始されました。

　本事業は，愛知県道路公社が運営する路線のうち**図表２−18−２**の８路線について公共施設等運営権を設定し，道路の利便性向上や沿線開発等による地域活性化などを目的として，民間事業者による運営を行うものです。本事業のポイントとしては，①構造改革特区制度を活用して道路特別措置法の規制を緩和し，民間事業者による通行料金収受を可能としていること，②実績料金収入が計画から上下とも６％を超えて変動した場合のリスク・リターンは，道路公社に帰属する契約であること，③道路外の任意事業はSPCの親会社が実施すること，などがあげられます。

　事業開始後，民間事業者はパーキングエリアのリニューアル等を実施し，地元特産品の販売や観光PRを通じて地域活性化に貢献しています。

図表2－18－1　事業概要

事　業　名	愛知県有料道路運営等事業
発　注　者	愛知県道路公社
受　注　者	愛知道路コンセッション㈱（代表企業：前田建設工業㈱）
運営期間	2016年10月より30年間（終了：2029年6月～2046年3月，路線により料金徴収期間が異なるため，終了時期が異なる）
施 設 規 模	下記 図表2－18－2の8路線，合計72.5km
事　業　費	運営権対価：約1,377億円（うち一時金150億円）（税抜）

（出所：愛知県資料等より当社作成）

図表2－18－2　対象路線

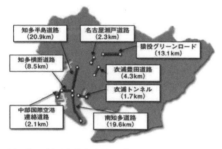

（出所：愛知県道路公社HP）

図表2－18－3　知多横断道路・中部国際空港連絡道

（出所：愛知県HP）

(2)　道路の建設・運営事業

①　東京湾アクアライン

　東京湾アクアラインは，東京湾をトンネルと橋で横断し，神奈川県川崎市と千葉県木更津市を結ぶ一般有料道路（一般国道409号）です。高速湾岸線等を利用しても90分を要していた川崎と木更津の間が，1997年12月のアクアライン開通によって30分に短縮され，交流促進と物流効率化に大きな役割を果たしています。

　建設にあたっては，民間活力を活用し国の負担をできるだけ軽減しつつ早期着工を図るため，東京湾横断道路の建設に関する特別措置法（1986年施行）に

基づき，日本道路公団（現在は東日本高速道路㈱）と新たに設立された東京湾横断道路㈱との間で建設協定を締結し，役割を分担して建設事業を遂行しました。公団は基本的な調査および設計，用地の取得，漁業補償，陸上部の詳細設計および工事等を行ない，東京湾横断道路㈱が海上部の詳細設計および工事を行ったうえで完成時に施設を公団に引き渡しました。

　東京湾横断道路㈱は，日本道路公団，関係地方自治体，民間事業会社，金融機関などを株主とする第三セクターで，その業務は，建設関係（アクアラインを建設し道路公団へ売却，割賦債権を回収），管理関係（東日本高速道路㈱からの委託を受けアクアラインを管理），休憩施設関係（海ほたるパーキングエリアの営業）があります。なお，東京湾横断道路㈱は，資本金のほか，政府保証債，道路開発資金，民間金融機関借入等によって建設資金を調達しました。

図表２－18－４　事業概要

事業主体	日本道路公団，東京湾横断道路㈱
事業期間	建設：1989年５月〜1997年12月，開通：1997年12月
施設規模	全長15.1km，４車線，木更津から4.4kmが橋梁，川崎から約9.5kmがトンネル 橋梁とトンネルの接続部に木更津人工島（海ほたる），トンネルの中央部に川崎人工島（風の塔）を設置
事業費	建設費：１兆2,323億円（うち，会社から公団への道路引渡価格：１兆2,176億円）

（出所：国土交通省資料，会計検査院資料より当社作成）

②　下関北九州道路

　新たな道路建設にあたって，民間活力の導入が検討されているプロジェクトがあります。本州（山口県下関市）と九州（福岡県北九州市）を結ぶ道路は，関門トンネルと関門橋がありますが，いずれも老朽化が進んでいるうえに交通渋滞などの問題も発生しています。そこで，地元自治体を中心に「第三の関門道」建設の機運が盛り上がり，国による調査が進められています。2020年12月時点で，市街地を回避する約８キロのルート（海峡部分は橋梁）とする案が有力で，整備費は，2,900億円から3,500億円と試算されています。

　概略のルートや構造などを確定させた後，整備手法，民間事業の範囲，関連

事業の活用などについて，サウンディング調査等によって検討を進める予定となっています。

③　東京高速道路KK線

図表2－18－5　自動車道の高架と店舗

（出所：東京高速道路HP）

　私たちが一般に道路と呼ぶもの（私道，農道などは除きます）には，道路法上の道路のほか，道路運送法に規定された自動車道（自動車専用道路）があります。自動車道には，料金の支払いによって誰もが通行できる「一般自動車道」とバス会社等が自社の車両専用に設置した「専用自動車道」があります。一般自動車道は，31路線，312.9kmが供用中であり，県（千葉県，神奈川県，静岡県，愛知県，福井県）の道路公社のほか，白糸ハイランドウエイ（長野県），芦ノ湖スカイライン（神奈川県），芦有ドライブウエイ（兵庫県）のように民間企業が事業者となっている一般自動車道があります。

　東京高速道路KK線も，民間が事業者となっている一般自動車道の1つで，1959年に一部供用開始，1966年に東京の銀座を囲む全長約2kmの全線が開通し，1日約3万台が通行しています。「株式会社」によって整備されたことから，KK線と呼ばれています。

　本プロジェクトは，戦後の復興と周辺の渋滞緩和のため，民間財界人が東京高速道路㈱（以下，「道路会社」という）を設立し，財政状態が厳しかった東京都に代わり建設を行なった「元祖公民連携」ともいえる事例です。事業スキームは次のとおりです。道路の敷地は，外堀，汐留川，京橋川などを埋め立て都有地とし，道路会社が東京都から賃借します。道路会社は，高架の上部を自動車道，高架下を貸店舗（銀座コリドー街，銀座インズなど）とする施設を建設し，自動車の通行料を無料とする一方で店舗の家賃収入で建設費と運営費をまかない，全体の採算を確保しています。

　日本橋地区の首都高速道路の地下化に伴い，この道路が廃止される可能性が

出ています。東京都や中央区は，廃止された場合には道路跡を空中公園として整備する案を検討しています。

(3)　包括的民間委託

　全国の自治体では，管理する公道の維持管理に関して，指定管理者制度（注）や包括的民間委託の手法を活用し，作業効率化や安全管理向上を図る動きが広がっています。道路橋梁および河川の維持管理に関して指定管理者制度を導入した事例としては，北海道のオホーツク海側にある清里町や大空町のケースが広く知られています。以下，比較的最近の事例として包括的民間委託を導入している東京都府中市の事例を紹介します。

①　道路等包括管理事業（東京都府中市）

　東京都府中市では，2018年度より，市の北西地区市道の維持管理について「道路等包括管理事業」を開始しました。従来の委託方式では，市は，道路清掃，街路樹剪定，道路補修など作業内容ごとに清掃会社，造園会社，建設会社などに単年度契約で業務を委託していましたが，道路等包括管理事業では，共同企業体（JV）などの企業グループに対してこれらの業務を一括して複数年度契約で委託しています。一括発注，複数年度契約に加え，事務処理方法の見直し・効率化を行うとともに，性能発注の手法を取り入れることで事業者のノウハウを活用し，市民サービスの向上および管理経費の削減を図ることを目的としています。

　市民は，道路の舗装が壊れている，街路樹の枝が折れている，カーブミラーが見えにくい，ごみが投棄されているなどの問題を見つけた場合，夜間，休日を含め民間の共同企業体に直接連絡することができ，迅速な対応をとることができる体制となっています。府中市は，北西地区での経験を踏まえ，2021年度から本事業の対象を市全域（3地区に区分）とすることとしています。

（注）道路管理に関する指定管理者制度の適用範囲について

　指定管理者制度を道路管理に適用する範囲については，国土交通省道路局通知文にて「指定管理者が行うことができる道路管理の範囲は，行政判断を伴う事務（災

害対応，計画策定及び工事発注等）及び行政権の行使を伴う業務（占用許可，監督処分等）以外の事務（清掃，除草，単なる料金の徴収業務で定型的な行為に該当するもの等）であって，地方自治法第244条の2第3項，第4項の規定に基づき各自治体の条例において明確に範囲を定めたものであること」とされています。

(4)　電線地中化

①　安来地区電線共同溝PFI事業

　国や地方自治体では，防災（地震や台風などの際に電柱が倒壊することを防ぐ），安全性の確保（歩道などを通行しやすくする），景観の向上などの観点から，電線地中化を進めてきました。2017年度より，地中化した電線などを収容する電線共同溝の整備・維持管理について，効果的かつ効率的な事業の実施を目的として，PFI手法の活用が始まっています。最初の案件となった島根県安来地区の電線共同溝PFI事業の概要は以下のとおりです。

図表2−18−6　事業概要

事　業　名	安来地区電線共同溝 PFI事業
発　注　者	国土交通省（中国地方整備局）
受　注　者	エヌ・ティ・ティ・インフラネット㈱中国事業部
事 業 期 間	2018年3月〜2032年3月（工事終了は2025年頃）
施 設 規 模	安来地区電線共同溝（立地：一般国道9号 島根県安来市安来町〜飯島町地内の約1.0km）
整 備 等 の内　　容	電線共同溝（管路部・特殊部・横断部），歩道，道路附属物の設計および工事ならびに電線共同溝の維持管理
事　業　費	契約金額：約13億円（税込）

（出所：国土交通省中国地方整備局資料より当社作成）

第19節　空港

　空港は，国内外の航空ネットワークを構成する重要な公共インフラであり，ビジネス・観光振興をささえ，社会経済の発展や地域活性化に大きな役割を果たしている公共施設です。国土交通省の区分によると，拠点空港28空港（会社管理空港4空港，国管理空港19空港，特定地方管理空港5空港），地方管理空港54空港，その他の空港7空港，共用空港8空港の合計97空港が供用されており，空港整備が一巡したことから，「整備」から「運営」へと空港政策の重点がシフトし，民間ノウハウを活用した効率的な空港運営の重要性が増しています。

　空港運営における公民連携は，コンセッション方式が基本となっているため，まず空港へのコンセッション方式の概要等を説明し，コンセッション方式を導入した事業と，沖縄県の下地島空港の公民連携の事例を紹介します。

(1)　空港へのコンセッション方式の導入について

①　日本の空港運営の課題

　日本の多くの空港では，日本特有の経営構造として，滑走路やエプロンなど空港の基本施設を管理・運営する「航空系事業」を国や地方自治体が行い，旅客ターミナルや駐車場などを管理・運営する「非航空系事業」を民間事業者や第三セクターがそれぞれで行っています。そのうち，航空系事業の収入源は着陸料や施設使用料等ですが，国管理空港においては，基本的に全国一律の料金設定となっており，地方管理空港は地方自治体が決定しています。他方，諸外国の空港では，航空系事業と非航空系事業の一体運営が行われており，就航便数の増加を狙い，各空港独自に着陸料や施設使用料の引下げおよび適正化を図り，就航便数の増加に伴う旅客数の増加により，非航空系事業の収益を高め，収支を安定させる空港経営が一般的です。

　航空系事業の全国一律のルールでの運営，また，各事業の事業主体が別組織となっていること等から，空港全体での収支の安定化がむずかしく，また，地域や空港のポテンシャルを最大限に活用した航空ネットワークの拡大や利用者

増の機会を活かしきれていない例も見られます。柔軟な料金設定等の取組みが進まず，着陸料等が高止まりとなっていることから，着陸料等の直接的な負担者である航空会社の料金設定等にも影響し，航空会社の国際競争力を阻害する要因にもなっていますし，利用者にとっても，高い料金負担や利便性の低下を招く結果となっています。このような状況を打開する方法の1つとして，民間ノウハウを活用し航空系事業と非航空系事業の一体運営を行うコンセッション方式が，空港分野へ導入されてきました。

② 空港へのコンセッション方式の導入効果

空港へのコンセッション方式の導入効果は，空港収支を安定させるだけでなく，利用者への空港内外のサービス向上の効果も期待されています。施設改修による商業施設の拡充や国際線保安検査場の増設等ハード面のほか，路線拡充による旅客の他地域へのアクセスの利便性向上のようなソフト面でも，空港利用者にとっての利便性が底上げされています。また，空港の利用者が増加することで，周辺地域への誘客といった効果により，地元企業のビジネス機会の増加や周辺地域の活性化等も期待されています。もとより，空港の魅力のみを向上させていくだけでは仕方がなく，各地域と協働し，地域の持つ観光資源等を最大限活かしていくことで，上記のような効果がもたらされます。

③ 空港へのコンセッション方式の導入状況

2011年PFI法改正，また，空港に係る個別法である「民間の能力を活用した国管理空港等の運営等に関する法律」の制定後，18の空港でコンセッション方式が導入され，運営を開始しています（2021年4月時点）。また，独立採算での運営がむずかしい空港においても，管理者の異なる複数の空港を同一主体で運営するバンドリングや，地方自治体等が一定の費用負担をする混合型の事業とすることで，コンセッション方式が導入されています。また，「PPP/PFI推進アクションプラン（令和2年改定版)」の中で，「地方管理空港を含め，原則として全ての空港へのコンセッションの導入を促進する」と国の施策の方向性が示されており，コンセッション方式の導入は引き続き推進されています。

図表２－19－1　空港コンセッションの導入状況

空港名	発注者	進捗状況	
但馬飛行場	兵庫県	2015年１月	運営開始
仙台空港	国土交通省	2016年７月	運営開始
関西国際空港・大阪国際空港	新関西国際空港㈱	2016年４月	運営開始
高松空港	国土交通省	2018年４月	運営開始
神戸空港	兵庫県神戸市	2018年４月	運営開始
鳥取空港	鳥取県	2018年７月	運営開始
福岡空港	国土交通省	2019年４月	運営開始
静岡空港	静岡県	2019年４月	運営開始
南紀白浜空港	和歌山県	2019年４月	運営開始
熊本空港	国土交通省	2020年４月	運営開始
新千歳空港，函館空港，釧路空港，稚内空港，旭川空港，帯広空港，女満別空港	国土交通省，北海道，旭川市，帯広市	2020年６月 2020年10月 2021年３月	運営開始（新千歳空港） 運営開始（旭川空港） 運営開始（他５空港空港）
広島空港	国土交通省	2020年９月 2021年７月	優先交渉権者選定 運営開始

（出所：国土交通省資料より当社作成）

(2)　公民連携の事例

①　北海道内７空港

　本事業は，北海道内７空港のバンドリングによるコンセッション方式（同一事業者に７空港の公共施設等運営権等を設定することにより，国管理・特定地方管理・地方管理空港の一体運営を行う方式）を活用した事業です。また，国管理４空港は独立採算型である一方，旭川・帯広・女満別の３空港は，滑走路等の更新投資費用および運営費用に一定の公費が投入される混合型の事業です。

　民間事業者は，各空港の特性や課題，潜在的旅客需要をふまえて，各空港の役割分担に応じたターゲット路線を設定する戦略で，７空港の路線数をコンセッション導入前の約2.4倍の142路線（新千歳：80路線，その他６空港：62路線）に拡大するとともに，７空港の旅客数を現在の約1.6倍の4,584万人（新千歳：3,536万人，その他６空港：1,048万人）に伸ばすことを計画しています。

図表２－19－２　対象７空港の位置関係（枠内が対象７空港）

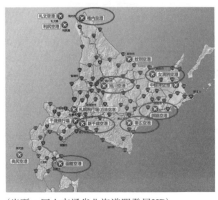

空港名	滑走路（m）	運用時間
新千歳	3,000×60×２本	0:00～24:00
函館	3,000×45	7:30～20:30
釧路	2,500×45	8:00～21:00
稚内	2,200×45	8:30～18:30
旭川	2,500×60	8:00～21:00
帯広	2,500×45	8:00～21:00
女満別	2,500×45	8:00～21:00

（出所：国土交通省北海道開発局HP）

図表２－19－３　事業概要

事 業 名	北海道内国管理４空港特定運営事業等，旭川空港運営事業等，帯広空港運営事業等，女満別空港特定運営事業等
発 注 者	国土交通省（新千歳空港，函館空港，釧路空港，稚内空港），旭川市（旭川空港），帯広市（帯広空港），北海道（女満別空港）
受 注 者	北海道エアポート㈱（代表企業：北海道空港㈱）
事 業 期 間	2019年10月～2049年10月
事 業 費	（国管理４空港）運営権対価：約2,920億円，収益連動負担金，ビル施設事業者株式の譲渡価格：約186.1億円 （旭川・帯広・女満別）公費負担（提案額）：更新投資約256億円，ビル施設事業者株式の譲渡価格：約30.5億円

（出所：国土交通省資料より当社作成）

②　南紀白浜空港

　和歌山県は，南紀白浜空港（地方管理空港）の利用者数の低迷や航空系事業の毎年約３億円の赤字，ターミナルビルの内際共用による国際線の運航時間の制限等，空港運営における課題を認識しており，公民連携手法の活用を模索していました。本事業では，公募にあたって，コンセッション方式，指定管理者制度，業務委託の３つの公民連携手法の中から，１つの事業手法を民間事業者が自由に選択して提案可能としていることが特徴で，事業者選定の結果，事業

者からの提案に基づきコンセッション方式で事業化されました。

　本事業は，機材大型化や新規路線就航，チャーター便の誘致等により，2017年度13万人の旅客数を2028年度に25万人，2038年度に30万人の旅客数増加を目指しています。

図表2-19-4　施設全景イメージ

(出所：㈱南紀白浜エアポート資料)

図表2-19-5　事業概要

事 業 名	南紀白浜空港特定運営事業等
発 注 者	和歌山県
受 注 者	㈱南紀白浜エアポート（代表企業：㈱経営共創基盤）
事 業 期 間	2019年4月〜2029年3月
施 設 規 模	滑走路：2,000m×45m 運用時間：8:30〜20:00
事 業 費	運営権対価：0億円 サービス購入料：約24.5億円

(出所：和歌山県資料より当社作成)

③　下地島空港

　下地島空港（地方管理空港）は宮古諸島の1つである下地島に位置し，1979年に民間ジェット機のパイロット訓練空港として供用開始されましたが，2014年に大手航空会社の訓練事業の撤退後，沖縄県は同空港の利活用を模索していました。その後，民間事業者から意見を募集し，その中から，訓練場の機能のみならず，一般旅客が利用できる空港を目指す提案が選定され，2019年3月に

民間事業者が運営を開始し，24年ぶりに同空港に定期便就航が復活しました。

　本事業は，借地方式により用地を借り受け，民間事業者が旅客ターミナルの整備を行い，定期便やプライベート機等，多様な航空機の受入体制を構築し，旅客ターミナルの運営を行う事業です。運営にあたっては，地元企業を含む民間事業者３社の出資により，運営会社を設立し，ターミナル内の施設の維持管理・運営のみならず，エアラインの誘致業務も行っています。エアラインの誘致業務は地方自治体等の行政が行うことも多いですが，専属の営業チームを組成し，国内線だけでなく，国際線の誘致を実現しており，2017年度の乗降客数は０人でしたが，2019年度には国内線約10万５千人，国際線約２万人の実績を上げています。

図表２−19−6　空港全景および下地島空港の位置関係

（出所：沖縄県資料より当社作成）

図表２−19−7　事業概要

事 業 名	下地島空港における国際線等旅客施設整備・運営及びプライベート機受入事業
発 注 者	沖縄県
受 注 者	三菱地所㈱，下地島エアポートマネジメント㈱
施 設 規 模	滑走路：3,000m×60m，運用時間：8:00〜19:30

（出所：沖縄県資料等より当社作成）

第20節　交通施設

　交通分野の公共インフラのうち，道路については本章第18節，空港については第19節，道の駅については観光施設に含めて第17節で述べていますので，本節では，駐車場・駐輪場，バスターミナルおよび鉄道の分野における公民連携について考えていきます。

(1)　駐車場・駐輪場

　地方自治体などが中心市街地や駅前などに整備する公共駐車場や駐輪場は，公共事業として整備され，地方自治体の外郭団体が運営を担うことが一般的でした。指定管理者制度を採用している場合でも，特命による選定によって外郭団体が選定されている例も多くみられます。一方，老朽化によって維持管理費が増加するとともに大規模修繕や建替えが必要な施設も急増しており，PFI手法などの公民連携手法が改めて注目を集めています。

①　青森県営駐車場・県営柳町駐車場

　青森県は，青森市内の中心部に位置する2か所の県営駐車場について大規模修繕と維持管理・運営を行うため，PFI手法（RO方式，独立採算型）を採用しました。

　対象となる両駐車場（自走式）は，設備などの老朽化が進み大規模修繕が必要となっていることに加え，利用者および駐車料金収入が年々減少してきており，駐車場の機能および運営について改善する必要がありました。本事業は，駐車場の大規模修繕と施設の維持管理・運営を一体的に行ない，駐車場利用者の利便性向上を図るほか，地域活性化の事業（民間提案）を実施するものです。民間事業者は，駐車場収入等によって大規模修繕費用と維持管理・運営費用をまかなった上で，契約に基づいて県に納付金を納めます。改修後の運営にあたっては，事業者に選定された地元の代表企業㈱ブルーマウステクノロジーが持つIT技術の活用が期待されています。

図表2−20−1　事業概要

事 業 名	青森県駐車場維持管理・運営事業	
発 注 者	青森県	
受 注 者	㈱ブルーマウステクノロジーを代表企業とするSPC	
事 業 期 間	2021年4月（運営開始）〜2031年3月	
対象駐車場	青森県営駐車場	青森県営柳町駐車場
構造・形式	鉄骨　地上6階地下1階	鉄筋コンクリート造　地下1階
竣　　工	1984年10月	1997年3月
延 床 面 積	14,695.29m²	7,505.96m²
駐 車 台 数	510台（うち県公用車115台）	191台

（出所：青森県資料より当社作成）

②　（公財）自転車駐車場整備センター

　（公財）自転車駐車場整備センターは，1979年の設立後，民間の資金（金融機関借入）などを活用し，全国各地の駐輪場整備と放置自転車（いわゆる銀輪公害）対策に大きな役割を果たしてきました。2020年3月末までの約40年間に当センターが建設した自転車等駐車場は1,362カ所，収容台数は約81万9千台に達しています。また，2020年4月現在，管理している自転車等駐車場は，直営管理が688カ所（41万9千台），指定管理・受託管理が32カ所（2万8千台）となっています。

　事業の仕組みは，以下のとおりで，PFI手法（BOT方式）の原点ともいえるものです。当センターは，地方自治体などからの要請を受け，需要調査等を行ったあと，地方自治体などから土地の提供を受けて駐輪場の施設を建設します。施設建設に要する費用は，一部について地方自治体が負担するほか，競輪や宝くじの補助金，金融機関からの借入によって調達します。施設完成後，一定期間当センターが独立採算で駐輪場を運営し，契約期間終了時に施設を地方自治体に無償で譲渡します。

　需要調査に基づく適正規模の施設建設，利用しやすい料金体系の設定（勤務先の通勤費補助の対象となる月極料金など），地方自治体の放置自転車対策との連携などによって，独立採算による運営が可能となっています。

(2)　バスターミナル

　全国の主要都市には，拠点となる駅や中心市街地などに多くのバスが発着するバスターミナルが整備されています。自動車ターミナル法では，バスターミナルは，「乗合バスの旅客の乗降のため，乗合バス車両を同時に2両以上停留させることを目的とした施設で，道路の路面や駅前広場など一般交通の用に供する場所以外の場所に同停留施設を持つものをいう」と規定されています。

　1社専用のターミナルの場合，民間バス会社のグループが商業施設などと複合化して施設を整備する場合もありますが，複数のバス会社が利用する場合や公営バス事業者が利用するバスターミナルの整備については，多様な事業方式が検討の対象となります。

　2016年4月に開業した東京新宿駅南口のバスタ新宿は，JRの線路上の人工地盤の上に整備されたわが国最大級のバスターミナルで，新宿駅西口周辺の19カ所に分散していた高速バス乗降場が集約されました。バスターミナルの整備によって，交通渋滞や交通事故の減少，乗降場所の集約によるバス利用者の利便性の向上，ITを活用した運行管理の効率化などが期待されています。

(注)　本バスターミナルは，3階〜4階および進入路が国道20号線の一部となっているため自動車ターミナル法の対象ではありません。

　なお，本章第24節において，宮崎県および宮崎市が所有する土地を活用してバスターミナルを整備した事例（宮崎駅西口バスターミナル）を紹介していますのでご参照ください。

(3)　鉄道事業

　鉄道事業は，各路線の歴史や事業環境を背景に，JR各社，民間鉄道事業者，地方公営企業，第三セクターなど，多様な事業主体によって営まれています。また，新線建設やJRから移管された在来線の維持などにあたっては，上下分離など公民連携手法も多く用いられています。

　鉄道事業法では，事業内容によって鉄道事業を以下の3つに区分しています。

図表2−20−2　鉄道事業の分類

区　分	事業内容
第一種鉄道事業	• 鉄道による旅客または貨物の運送を行う事業（自ら線路を所有）
第二種鉄道事業	• 他者の所有する線路を使用し，鉄道による旅客または貨物の運送を行う事業
第三種鉄道事業	• 線路を第二種事業者に使用させる事業 • 線路を第一種事業者に譲渡する目的で敷設する事業（東京都地下鉄建設のみ）

（出所：当社作成）

　鉄道の新線建設事業は，巨額の設備投資を要し民間企業のみでは実施が困難であることも多く，公的支援を受けた第三種鉄道事業によって整備し，民間鉄道事業者がその線路を使用し第二種鉄道事業として運行を行うこともあります。新線建設にあたって上下分離を活用した主な例は，**図表2−20−3**のとおりです。鉄道整備における上下分離の考え方は，他の分野の公共施設の施設整備と運営に関する官民の役割分担，費用分担を考えるうえで大変参考になります。

図表2−20−3　第二種および第三種鉄道事業の事業主体の例

路線名	第三種鉄道事業	第二種鉄道事業
成田空港線等	成田高速鉄道アクセス㈱	京成電鉄
	成田空港高速鉄道㈱	京成電鉄，JR東日本
空港線	中部国際空港連絡鉄道㈱	名古屋鉄道
けいはんな線	奈良生駒高速鉄道㈱	近畿日本鉄道
中之島線	中之島高速鉄道㈱	京阪電気鉄道
阪神なんば線	西大阪高速鉄道㈱	阪神電気鉄道
おおさか東線	大阪外環状鉄道㈱	JR西日本
JR東西線	関西高速鉄道㈱	JR西日本
和歌山港線	和歌山県	南海電気鉄道

（出所：各鉄道事業者HPより当社作成）

　請願駅は，地方自治体や地元に立地する企業などが鉄道事業者に駅の開設を請願し費用を負担して設置された駅です。通勤路線のほか，新幹線でも請願駅の事例があります。請願駅の設置に際しては，駅の開設にあわせて駅前広場など駅周辺の関連する基盤整備が行われることが一般的で，地方自治体が地元の地権者や鉄道事業者と連携して事業を実施します。

　JR北海道は2022年に札沼線の新駅を設けることとしました。新駅は，生チョコレートで有名な㈱ロイズコンフェクトが建設費を負担する請願駅で，駅名に「ロイズ」を冠することが検討されています。ロイズ社は2022年に，新駅近くにあるロイズふとみ工場の面積を約２倍に拡張する計画で，見学施設や店舗も併設されます。観光客，従業員，会社関係者だけでなく，地元住民などにとっても新駅設置によって利便性が大きく向上します。

　JR東海道線の大船駅（神奈川県鎌倉市）と藤沢駅（同県藤沢市）の間でも，新駅（仮称，村岡新駅）設置の計画が進んでいます。開業は2032年ごろの見通しで，事業費約150億円については，神奈川県が30％，鎌倉市と藤沢市が各27.5％，JR東日本が15％負担する予定です。

第21節　河川

　河川施設は河川法によって規定されており，その管理者は一級河川が国土交通大臣（または都道府県知事），二級河川が都道府県知事（または政令指定都市の市長），準用河川が市町村長となっています。河川については，災害等で大きな損害が生じる可能性があり，利用料金収入を得られるものではないことから，従来，公民連携手法の活用は限られていました。

　一方で，河川管理に関するコストの削減や親水空間の整備などにおいて，河川管理者や地方自治体と民間事業者や地域住民との連携も広がりをみせています。

(1)　河川管理の効率化とコスト削減

　河川の管理には，清掃，除草，堤防養生，巡視・巡回，管理用通路の舗装などの作業が必要となります。これらの業務を河川管理者が民間事業者に発注する際に，他の公共施設における包括的民間委託と同様に，複数の業務をまとめ，複数年度の契約で発注する事例が出てきています。

　山形県と山形河川国道事務所では，最上川上流域において，支障木について公募伐採を実施することで，河川管理費を削減し，伐採した支障木を資源として有効活用することを推進しています。2017年度に長井地区において最上川官民連携プラットフォームを設立し，民間企業等のノウハウによって，河道内に繁茂している支障木を効率的かつ効果的に伐採し，バイオマス発電やボイラーの燃料として利活用するための検討を行い，検討事項を反映した公募型河道内樹木伐採モデル事業を2019年2月より開始しました。2020年10月からは，この事業を米沢地区でも新たに展開しています。

　なお，都市部の河川については，住民やNPOによる清掃活動など，草の根の公民連携も河川の維持管理に大切な役割を果たしています。

(2)　親水空間の整備

　河辺の親水空間は，人々の暮らしにうるおいをもたらす貴重な場所です。川

と水辺の連続性をつくることで，魅力のある都市空間が生まれます。

　河川敷地の占用は，公的主体（地方自治体，電力など公益事業者等）が公園，橋梁，送電線等を設置する場合に限られてきましたが，2004年に河川敷地占用許可準則の特例措置が設けられ，河川局長（現，水管理・国土保全局長）が指定した区域に限り，広場やイベント施設等を設置することが社会実験として認められました。2011年には準則が一部改正され，全国の河川管理者が指定した区域で特例措置を実施できることとなり，オープンカフェや広告板，イベント開催のための照明・音響施設等の占用主体として民間事業者等も認められることとなりました。さらに2016年の準則改正により，民間事業者の占用許可期間が３年以内から10年以内に延長され，より本格的な施設の整備も可能となっています。なお，2020年３月末までで特例活用事例数（累計）は，80件にのぼっています。

①　大阪市道頓堀川遊歩道（とんぼりリバーウォーク）

　全国的に有名な大阪の道頓堀は，大阪ミナミの繁華街の中心にあります。河川管理者である大阪市は，1995年に道頓堀川水辺整備事業に着手し，川の両端を水門で区切り上流からの汚染水流入を防ぐことで水質を浄化するとともに水位を安定させ，約１kmの区間で川辺の両岸に遊歩道（とんぼりリバーウォーク）を設け，休憩施設，広場，船着場なども整備しました。（2004年一部区間供用開始，2013年全区間供用開始）。

　大阪市は，水辺空間（河川敷地）の利用を促進するためには，物販行為やイベント開催を可能とするなどのソフト対策も必要と考えていましたが，当時の河川占用許可準則では実現が困難であったため，市は，水辺の多目的利用を含めた規制緩和を国に働きかけました。

　2004年３月に国土交通省より河川敷地占用許可準則の特例措置について通達が出されたことを受け，まず道頓堀川の戎橋〜太左衛門橋間が国土交通省河川局から特例措置の指定を受け（2004年３月），社会実験を実施しました。2011年の準則改正で，この特例措置が恒久制度化されることとなり，公的機関に限定されていたイベント・オープンカフェ等の占用主体が民間事業者にも認められました。さらに，この準則の改正では，河川管理者の判断のみで規制緩和区

間（都市・地域再生等利用区域）を定めることができるようになり，市は，道頓堀川の湊町（浮庭橋）〜日本橋までの区間（約1km）を準則に基づく規制緩和区間として指定しました（2012年4月）。

　河川占用許可準則の改正後，大阪市は，水辺空間利用にかかる管理運営業務を行う民間事業者を公募で選定することとしました。この募集では，イベント・オープンカフェ等の誘致や開催などの賑わいの創出に関する業務とともに，警備・清掃などの維持管理業務をセットにして行っています。公募の結果，南海電鉄㈱が管理運営事業者に選定され，同社は2012年4月からの管理運営業務を行っています。

図表2−21−1　イベント開催日の賑わいの様子

（出所：大阪市HP）

第22節　エネルギー施設

　再生可能エネルギーは，地球環境への配慮やエネルギー自給率の向上等の観点から，近年，より一層，その必要性を増しています。わが国では，2012年より施行された再生可能エネルギーの固定価格買取制度（以下，「FIT制度」という）の導入に伴い，全体の発電量に占める再生可能エネルギーの割合は増加傾向にあります。再生可能エネルギーは太陽光・風力・地熱・水力・バイオマス等さまざまありますが，各地域にある資源や特性を生かした事業を推進していくことが重要です。このうち，バイオマスとは，動植物などから生まれた生物資源の総称で，これらの生物資源（林地残材，トウモロコシ，建築廃材，家畜排泄物，下水汚泥，産業食用油等）を「直接燃焼」したり「ガス化」するなどして発電することをバイオマス発電といいます。

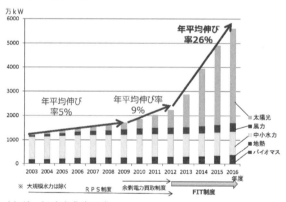

図表2-22-1　再生可能エネルギー発電量の推移

（出所：経済産業省HP）

　本節では水力発電，風力発電およびバイオマス発電における，公民連携の事例を紹介します。

(1)　公民連携の事例

①　鳥取県営水力発電所

　本事業は，運用開始後，半世紀以上経過した4発電所（①小鹿第一，②小鹿第二，③春米，④日野川第一）の発電施設について，施設改修およびその後の効率的な運営維持を民間事業者が行う事業です。民間事業者が有するノウハウや創意工夫を全面的に活用することにより，発電施設の長寿命化，民間への市

場開放に伴う地域経済の活性化，県利益の最大化を図ることを目的としています。

　BT方式による水力発電所の再整備業務と，コンセッション方式による水力発電所の維持管理・運営業務を一体化して実施する事業方式を採用した，公営水力発電分野でのコンセッション方式導入の第1号案件です。発電所再整備費用を運営権対価で，維持管理・運営費用をFIT制度を活用した売電収入で全額賄うことにより，実質，県の財政負担なしで事業化されたことが特徴です。

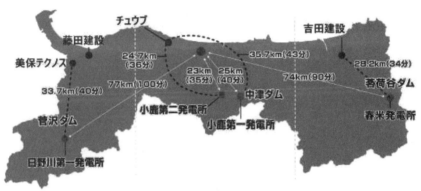

図表2−22−2　鳥取県営水力発電事業位置図

（出所：鳥取県資料）

図表2−22−3　事業概要

事 業 名	鳥取県営水力発電所再整備・運営等事業			
発 注 者	鳥取県			
受 注 者	M&C鳥取水力発電㈱（代表企業：三峰川電力㈱）			
発 電 所	①小鹿第一	②小鹿第二	③春米	④日野川第一
運営期間	2024年2月〜 2044年1月	2023年9月〜 2043年8月	2020年9月〜 2040年8月	2024年12月〜 2044年11月
水 量	2.00m³/s	2.60m³/s	4.00m³/s	4.00m³/s
最大出力	3,600kw	5,200kw	7,900kw	4,300kw
事 業 費	公共施設等運営権対価：約30,280百万円（税抜）			

（出所：鳥取県資料より当社作成）

②　万葉の里風力発電所

　万葉の里風力発電所は福島県南相馬市の沿岸部に位置する発電所です。本発電所の稼働により，年間で約1万トンのCO_2排出を抑制することが見込まれており，また，年間発電量は一般家庭の約4,500世帯分に相当します。

　南相馬市は，2011年3月に発生した東日本大震災の甚大な被害を受けた地域で，一刻も早い市民生活の再建を目指し，2011年12月には「南相馬市復興計画」が策定され，原子力から再生可能エネルギーへの転換や省エネルギー政策などが掲げられました。こうした背景により，事業計画から設計・運営に至るまで民間ノウハウを活用し，本発電所の事業化がされました。民間事業者5社の出資により新たに新設された㈱南相馬サステナジーと南相馬市との間で土地賃貸借契約・地域貢献協定書が締結され，2017年4月に本発電所の建設が着工され，2018年3月より稼働しています。

図表2-22-1　事業概要

事　業　名	万葉の里風力発電事業
発　注　者	南相馬市（福島県）
受　注　者	㈱南相馬サステナジー（民間企業5社で出資）
事　業　期　間	建設：2017年4月〜 運営：2018年3月〜（20年間）
施　設　規　模	発電所出力：9,400kw（2,350kw×4基）
事　業　費	3,247百万円

（出所：南相馬市HP，㈱南相馬サステナジー資料より当社作成）

③　真庭バイオマス発電所

　真庭バイオマス発電所は，燃料であるバイオマスの中でも，木材を主燃料とする国内最大級の木質バイオマス発電所です。真庭市は，岡山県内最大の面積を有し，約80%を林野として土地利用していることから，林業が盛んに営まれている地域で，本発電所は主に地域内の間伐材や未利用木材，製材所等からでる一般木材等を燃料としています。

　本事業は，真庭市と林業・木材産業事業者を含む9団体の共同出資にて，新たに新設された真庭バイオマス発電㈱により，発電所を整備し，発電および売

電を行う事業です。本事業では，年間2万2千世帯分に相当する発電を行っており，これは真庭市の世帯数約1万8千世帯を大きく上回る発電量です。

　一般的に，バイオマス発電事業は他の再生可能エネルギー発電と異なり，発電の際に燃料が必要となり，安定した燃料供給と燃料費の低減等が事業化のポイントとなります。本事業は，地域の特性である豊富な森林資源を活用しながら，官民一体となって燃料費の削減等に努めています。発電所の整備の検討と並行して，燃料となる木材の調達・流通体制を構築するため，林業・木材産業関係者で木質資源安定供給協議会を設立し，木材を安定して供給できる体制を整えています。加えて，木材を集約し木質チップに加工する真庭バイオマス集積基地が本発電所に隣接していることで，燃料の運搬費も低く抑えています。

　こうした背景により，安定した発電事業が可能となり，計画を上回る発電量を維持しています。また，未利用や廃棄されていた木材等の資源が，有価で取引されることで，経済的効果を生むだけでなく，林地に残材されていた間伐材等の整理が促進されたことで環境整備がなされる等，さまざまな場面で波及効果を生んだ事業です。

図表2－22－5　事業概要

事　業　名	真庭バイオマス発電事業
発　注　者	真庭市（岡山県）
受　注　者	真庭バイオマス㈱ （出資者：真庭市，林業・木材産業事業者9団体）
事 業 期 間	運営開始：2015年4月～
施 設 規 模	発電規模：10,000kw 年間出力：79,200Mwh（24時間運転，330日稼働） 利用燃料：148,000t/年 （うち，未利用木材90,000t/年，一般木材58,000t/年）
事　業　費	約4,100百万円

（出所：真庭市資料等より当社作成）

第23節　廃棄物処理施設

　廃棄物処理施設は，ほかの公共施設と比較して，耐用年数が短い上，平成初頭にダイオキシン類対策のため整備されたものが多く，老朽化による更新需要が増大しています。また，近隣住民などとの調整が必要で，施設の新設や拡張が困難であることや，**図表2－23－1**に示しているとおり，ごみ総排出量は減少傾向で，環境問題に対する意識の高まりや人口減少により，今後，より一層のごみ排出量の減少が想定されることから，広域化や施設の集約化など，多くの地域で廃棄物処理体制が見直されています。一方で，ごみ焼却により発生するエネルギーを活用して，発電や余熱利用する技術は向上しており，循環型社会の形成を推進する拠点となるインフラとしての役割が期待されています。

　廃棄物処理事業は，事業規模が大きいことから，民間ノウハウを活用することで，施設整備および維持管理に係る費用の削減が期待されています。また，廃棄物処理施設から発生する資源やエネルギーを有効活用することで，ライフサイクルコストの削減にもつながります。そのため，廃棄物処理施設に関する公民連携手法としては，施設整備を伴う場合，DB・DBO方式やPFI手法が活用されることが多くなっています。

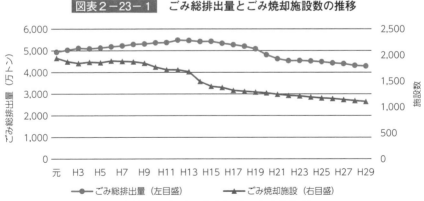

図表2－23－1　ごみ総排出量とごみ焼却施設数の推移

（出所：環境省「日本の廃棄物処理（平成29年度版）」より当社作成）

(1)　DBO方式

①　我孫子市新廃棄物処理施設

　本事業は，新クリーンセンター（廃棄物処理施設およびリサイクルセンター）を２期にわたり整備する計画のうち，廃棄物処理施設の整備，維持管理・運営を一体的に行う，DBO方式を活用した事業です。

　処理施設用地は，現クリーンセンターの用地内にあり，整備面積も限られていることから，廃棄物処理施設とリサイクルセンターの整備時期をずらすことで，既存焼却施設を稼働させながら，新たな廃棄物処理施設（以下，「本施設」という）を整備することを可能としています。

　本事業では，焼却処理に伴って発生する熱エネルギーを利用して発電を行いますが，発電した電力は，本施設の自家消費に充てるだけでなく，本事業後に整備されるリサイクルセンターでも利用され，新クリーンセンター内で電力が循環される仕組みとなっており，余剰電力は売電されることとなります。

図表２−23−２　事業概要

事　業　名	我孫子市新廃棄物処理施設整備運営事業
発　注　者	我孫子市（千葉県）
受　注　者	みどりグループ（代表企業：日立造船㈱）
事　業　期　間	設計・建設　　　：2020年２月〜2023年３月 維持管理・運営：2023年４月〜2043年３月
施　設　規　模	事業用地：約30,300m²，工事用地：約9,000m² 120t／日（60t／日×２炉，24時間連続稼働）
事　業　費	落札金額：17,800百万円（税抜）

（出所：我孫子市資料より当社作成）

(2)　PFI手法

①　君津地域広域廃棄物処理施設

　千葉県君津地域４市（木更津市，君津市，富津市および袖ケ浦市）では，一般廃棄物や，条例で受け入れている産業廃棄物の中間処理等を既存事業（第１期）で実施していますが，2026年度末をもって操業を終了する予定です。本事

業は，既存事業終了に伴い，新事業として安房地域2市1町（鴨川市，南房総市および鋸南町）が加わり，より広域化されました。また，既存事業では第三セクター方式が活用されていますが，国からの補助金を活用するため，本事業ではPFI手法（BOO方式，混合型）により事業化されています。

　本事業では，廃棄物から出る資源の有効利用やCO_2排出量の低減等，循環型社会の形成に貢献しています。廃棄物を溶かし，スラグ・メタル等の資源を産出し，100%有効利用（土木・建築資材等）することで，最終処分量が最小化されます。また，助燃材であるコークスの使用量を既存事業より約50%削減できる低炭素型シャフト炉が採用され，CO_2排出量の低減が期待されています。

図表2-23-3　施設イメージおよび位置関係

（出所：公募資料および木更津市資料）

図表2-23-4　事業概要

事 業 名	第2期君津地域広域廃棄物処理事業
発 注 者	木更津市，君津市，袖ケ浦市，富津市，南房総市，鴨川市，鋸南町（千葉県）
受 注 者	㈱上総安房クリーンシステム（代表企業：日鉄エンジニアリング㈱）
事 業 期 間	環境影響評価，設計・建設：2020年9月～2027年3月 維持管理・運営　　　　：2027年4月～2047年3月
施 設 規 模	事業用地：約28,184m² 477t／日（159t／日×3炉），発電能力：11,880kW
事 業 費	契約金額：約82,060百万円（税込）

（出所：公募資料等より当社作成）

第24節　公的不動産（PRE）活用

　市町村合併，少子高齢化や人口減少に伴い，公立学校，公営住宅や公民館などの既存の公共施設の稼働率の大幅な下落や遊休化が顕在化しており，施設の老朽化に伴う再整備を行わずに，施設の集約化や廃止によって未利用あるいは低利用となっている公的不動産が全国的に増えてきています。特に，地域経済活性化の観点から，中小規模の地方自治体が所有する公的不動産の利活用が大きな課題となっており，その対策として民間活力の活用が期待されています。

　本節では，経済状況・市民ニーズの変化，少子高齢化の進展など，さまざまな事情により未利用あるいは低利用となっている公的不動産の利活用について，公民連携手法を導入した個性的な取組みを行っている事例を紹介します。

(1)　廃校校舎の利活用

　公立学校については，子供の数が多かった1970年前後に整備された施設が多く，その老朽化，耐震化等が問題になるとともに，少子化の進展に伴う学校の統廃合により，廃校校舎等の利活用が，まちづくりなどの点から大きな課題となっています。

　このうち，本項では，立地条件を生かし，廃校校舎等を観光拠点施設として活用している「ユクサおおすみ海の学校」や，廃校校舎等を，博物館・図書館・研究拠点機能に加え，観光振興機能を有する施設として再生した「京都国際マンガミュージアム」，廃校校舎等を道の駅として活用し，交流人口増加による地域経済活性化を達成している「道の駅 保田小学校」といった事例を紹介します。

①　ユクサおおすみ海の学校

　鹿屋市は，人口約10万人を有する，大隅半島の中央部に位置する都市です。

　本事業は，本土最南端の佐多岬に至る美しい海岸沿いに立地する，120年の歴史を持つ鹿屋市立菅原小学校（周辺地域の過疎化により2013年３月閉校）の校舎・跡地を利活用し，公民連携手法により体験型スローツーリズムの観光拠

点施設として整備することで，市の魅力アップにつなげるとともに，当該施設を誘客促進の起爆剤にして，さらなる交流人口の拡大と地域内消費の増加による地域経済活性化につなげていくことが期待される事業です。

　本事業は，鹿屋市が所有する学校校舎・土地を民間事業者に賃貸し，民間事業者が施設のリノベーション・管理運営を行う事業手法を採用しており，国土交通省の民間都市再生整備事業計画にも認定され，体験型複合施設「ユクサおおすみ海の学校」として2018年7月に開業しました。錦江湾を望む恵まれたロケーションを活かし，宿泊，地元食材のレストラン，海や山のアクティビティ，ものづくりワークショップなど，大隅の自然や食を楽しめる場を提供する地域拠点となっています。

図表2－24－1　施設全景

（出所：鹿屋市資料）

図表2－24－2　事業概要

事 業 名	菅原小学校跡地利活用による地域活性化計画
発 注 者	鹿屋市（鹿児島県）
受 注 者	㈱Katasudde
事業期間	設計・改修　　　　：2017年7月〜2018年4月 開業準備　　　　　：2018年5月〜2018年6月 維持管理・運営：2018年7月〜
施設規模	敷地面積：約17,515m²，延床面積：約1,725m²，RC造2階建 ・校舎：宿泊施設（9部屋116名），レストラン，カフェ，サイクリングショップ，チョコレート工場等 ・体育館，校庭

（出所：鹿屋市資料，国土交通省資料等より当社作成）

②　京都国際マンガミュージアム

　京都市は，人口約145万人を有する，京都府南部に位置する都市です。

　京都市では，近年，少子高齢化や都心部の業務地化の進展により，市の中心部に位置する市立龍池小学校においても，児童数の減少傾向が顕著になっており，1995年に他の4校との統合により龍池小学校は閉校になりました。廃校校舎等の利活用について，2003年に，市内に立地する私立大学より，学校跡地を活用したマンガミュージアム構想についての提案があり，生涯学習，文化創造，観光誘致および産業振興等に資するという観点から，市はマンガミュージアム構想への協力について合意し，施設改修・一部増築後，マンガ資料の収集・保管・公開とマンガ文化に関する調査研究，展示やイベント等の事業を行うことを目的とした「京都国際マンガミュージアム」が2006年11月に開館しました。

　本事業は市と大学の共同事業となっており，市と大学との間で事業期間を30年間と定めた協定が締結されています。この協定に基づき，市と大学は，施設に関しては10年，土地に関しては15年を期間とする使用貸借契約（土地・建物は無償貸付）を締結し，大学が施設の維持管理・運営を行っています。

　この手法の導入により，地域教育機能（図書館・博物館，研究，生涯学習等）と観光振興機能（毎年度20万〜30万人程度の入場者があり，延べ入場者数216万人（2015年2月末時点）のうち1割強が外国人）を有する施設を，少ない財政負担で整備することができました。

図表2−24−3　施設外観

（出所：京都国際マンガミュージアムHP）

図表2-24-4　事業概要

事業名	京都国際マンガミュージアム整備運営事業
発注者	京都市（京都府）
受注者	学校法人京都精華大学（事業主体は京都市および京都精華大学の2者で，本事業は両者の共同事業）
事業期間	改修　　　　　：2006年5月〜2006年10月 維持管理・運営：2006年11月〜
施設規模	敷地面積：約4,381m^2，延床面積：約5,010m^2，地上3階地下1階 • 校舎：マンガミュージアム，ミュージアムショップ，カフェ，研究閲覧室等 • グラウンド
事業費	改修費：約1,200百万円 内訳：京都精華大学（約600百万円），国庫補助金（約500百万円），京都市（102百万円），地元自治会からの寄付（10百万円）

（出所：京都国際マンガミュージアムHP，国土交通省資料より当社作成）

③　道の駅 保田小学校

　鋸南町は，人口約7千人を有する，千葉県南部に位置する町です。

　鋸南町では，平成初期には約1万2千人の人口を有していましたが，少子高齢化の進展に伴い，教育施設の統廃合が進みました。開校120年超の歴史を持つ町立保田小学校も2014年3月で閉校となり，その跡地活用と地域活力の減退が課題となっていました。このような課題に対応して，地域経済活性化の起爆剤となる事業を創造し，町に人と仕事を呼び込み，新たなコミュニティの核をつくるため，保田小学校跡地の活用が検討されました。

　検討の結果，校舎・体育館を活用し，道の駅と直売所を整備する方向で事業化され，設計プロポーザルの公募が実施されました。そこで選定された事業者の提案により，道の駅や飲食・物販店舗に加え，鋸南保田IC出口の正面にあり人目をひく体育館を直売所として再生し，校舎2階部分を，2拠点居住や週末営農を目的とする都市からのビジターのための簡易宿泊施設として整備することとなり，施設の維持管理・運営には指定管理者制度が導入されることになりました。

　「道の駅 保田小学校」は，道の駅として千葉県内での26番目の登録となり，

開業１年目の状況としては，売上高約６億円（テナント含む），入込客数約60万人と，地域経済の活性化や交流人口の増加に非常に大きな効果があり，国土交通省の重点「道の駅」候補にも選定されました。

図表２－24－５　施設外観および直売所（里山市場 きょなん楽市）

（出所：鋸南町HP）

図表２－24－６　事業概要

事 業 名	鋸南町都市交流施設整備事業
発 注 者	鋸南町（千葉県）
受 注 者	設計・監理：N.A.S.A.設計共同体（代表構成員：㈲ナスカ） 施工：東海建設㈱ 運営：㈱共立メンテナンス（指定管理者）
事業期間	設計・施工　　：2013年12月～2015年11月 維持管理・運営：2015年12月～
施設規模	敷地面積：約14,236m²，延床面積：約3,487m²，RC造（一部Ｓ造）地上２階 ・校舎棟：道の駅（情報コーナー），飲食・物販店舗，宿泊施設（個室10室：各室ベッド４台，大部屋２室：収容人数各20名），温浴施設，こども広場，体験型調理実習室 等 ・体育館棟：直売所 ・駐車場：142台，太陽光発電システム
事 業 費	施設整備費：約1,297百万円

（出所：鋸南町HP等より当社作成）

(2) その他の低・未利用地の利活用

経済環境の変化や都市のドーナツ化現象，公共施設の集約化等の理由により，立地条件の良い公的不動産でも低・未利用の状態になっているものもあります。

このうち，本項では，経済環境の変化等により事業化がストップしてしまった案件を，公民連携手法を導入することによって再度事業化した「宮崎駅西口バスターミナル」の事例を紹介します。

① 宮崎駅西口バスターミナル

宮崎市は，人口約40万人を有する，宮崎県南東部に位置する都市で，宮崎県の県庁所在地，中核市に指定されています。

JR宮崎駅西口に隣接する事業地は，1988年に建設大臣承認を受けた「宮崎インテリジェント・シティ計画」，宮崎市の「中心市街地活性化計画」に基づいて「複合交通センター」の建設予定地に位置付けられ，県・市は共同でJR宮崎駅西口隣接地を国鉄清算事業団から取得しましたが，バブル崩壊の影響等により計画を予定どおり実施できず，本事業地も駐車場としての暫定的な利用が続いていました。1995年以降，宮崎駅周辺では，民間主導による開発が進んでいたことから，宮崎市は2010年度「宮崎駅西口拠点施設検討委員会」を設置し，改めて駅前地域における民間活力を活用したまちづくりを検討し，公民連携手法を導入して県有地・市有地を一体的に事業化することになりました。

具体的な事業手法としては，県・市が所有する土地に事業用定期借地権（設定期間20年）を設定し，民間事業者が複合施設を建設・所有し，事業運営を行う方式を採用しています。本事業の特徴的な点は，県・市が土地賃貸借契約の相手方として特定目的会社を容認したことにより，民間事業者は，不動産の収益性に着目した資金調達手法（不動産証券化手法）を採用でき，資金調達・事業参入が容易になるとともに，早期の開発計画の実現が可能となりました。

公民連携手法の導入により，土地賃料収入・税収による県・市の歳入増加が見込まれるとともに，バスセンター，駐車場等が公共交通の結節点となり，鉄道・バス利用者の利便性が大幅に向上したことが挙げられます。また，複合施設内のオフィス入居率およびホテル稼働率は非常に高い水準にあり，新たなビ

ジネス創出や地元雇用の創出等の点で地元への大きな経済効果も期待されます。

図表2−24−7 施設外観

(出所：KITEN HP)

図表2−24−8 事業概要

事 業 名	宮崎駅西口拠点施設整備事業
発 注 者	宮崎県および宮崎市
受 注 者	宮崎グリーンスフィア特定目的会社（宮崎商工会議所，雲海酒造㈱，米良電気産業㈱等）
事業期間	設計・建設　　：2010年3月〜2011年9月 維持管理・運営：2011年9月〜2030年2月
施設規模	敷地面積：約10,570m^2（県有地：約6,200m^2，市有地：約4,370m^2），S造地上14階 • 公共施設：バスターミナル（約1,570m^2），バス待合所・観光案内施設（壱番館内にテナントとして入居），市営駐輪場（100台），広場（フェニックス広場：約367m^2，KITEN広場：約2,644m^2） • 民間施設：宮崎グリーンスフィア壱番館（約19,136m^2，ホテル（141室），コンベンション（5室），オフィス，商業施設等） • その他：立体駐車場（4層5段，470台），駐輪場（126台）
事 業 費	施設整備費（バスターミナル，市営駐輪場：市負担）：約130百万円 施設整備費（民間施設，広場：民間負担）：約4,700百万円 土地賃料：約25百万円／年（県），約14百万円／年（市）

(出所：国土交通省資料等より当社作成)

第25節　その他の施設

　前節までみてきたように，公民連携の事業手法は非常に幅広い分野の公共施設で活用されています。本節では，現在，各地方自治体において公民連携手法活用の検討が進んでいる卸売市場と，これまでPFI手法が多く用いられてきた刑務所，斎場の事例を紹介します。

(1)　卸売市場

　農産物や水産物などを扱う卸売市場は，われわれの生活に深くかかわっている公共施設で，卸売市場法で都道府県や人口20万人以上の市が開設主体として認められてきました。全国各地の卸売市場の中には，施設の老朽化が進むとともに機能面でも更新が必要となっている卸売市場が多くあり，その再整備が課題となっています。

　2020年に改正卸売市場法が施行され，市場の設置，運営に関する規制が大幅に緩和されました。開設主体として民間法人も認められたほか，売買のルールも市場ごとに取引ルールとして定めることができるようになりました。

　これらの事業環境の変化を受け，卸売市場の再整備にあたって，さまざまな公民連携の手法が検討されています。PFI手法を活用した先進的な事例としては，「神戸中央卸売市場本場再整備事業」があります。

①　神戸市中央卸売市場

　神戸市中央卸売市場は，1932年に開設されて以来，青果物，水産物を扱う生鮮食料品流通の拠点として役割を果たしてきました。しかし，市道で分断された西側の施設の老朽化が著しいため，市道の東側へ施設を移転集約し，場内物流動線の効率化・短縮化，安全衛生機能の向上，食品の高付加価値化等への対応を行うため，本再整備事業が実施されました。事業手法としては，財政負担の軽減とより質の高い公共サービスの提供を図るため，卸売市場としては全国で初めてPFI手法（BTO方式，サービス購入型）が採用されました。

図表2－25－1　事業概要

事 業 名	神戸市中央卸売市場本場再整備事業
発 注 者	神戸市（兵庫県）
受 注 者	マーケットピア神戸㈱ （代表企業：ダイヤモンドリース㈱（現 三菱HCキャピタル㈱）
事 業 期 間	2005年1月～2034年3月
施 設 規 模	延床面積（市場全体，現時点）：161,156m² 卸売場，仲卸売場，冷蔵庫，買荷保管所，関係業者事務所，農水産物加工場，駐車場ほか
事 業 費	入札価格：約16,838百万円（税抜）

（出所：神戸市資料等より当社作成）

(2) 刑務所

　刑務所は，公共施設の中で最も公民連携と縁遠いように思えますが，これまでに4件のPFI案件があり，施設整備だけでなく維持管理・運営についても民間のノウハウ等が活用されています。次に紹介する「喜連川社会復帰促進センター」は，建物の施設整備は国が実施し，民間事業者は維持管理・運営に特化したPFI事業（O方式）です。

① 喜連川社会復帰促進センター

　栃木県さくら市に建設された喜連川社会復帰センターは，犯罪傾向の進んでいない男子受刑者を収容しています。就労に結び付く職業訓練・就労支援（調理師，クリーニング師等の資格取得など）を行うとともに，再犯防止のための多様な手法を用いた教育プログラム（グループセッションを中心とした改善指導など）が民間ノウハウを活用して実施されています。

図表2－25－2　**事業概要**

事 業 名	喜連川社会復帰促進センター等運営事業
発 注 者	法務省
受 注 者	社会復帰サポート喜連川㈱（代表企業：セコム㈱）
事 業 期 間	2007年10月～2022年3月
施 設 規 模	敷地面積：425,891m², 収容定員：2,000人
事 業 費	契約金額（PFI事業）：約387億円 （建物整備は国が実施。設備，什器，備品等は民間が調達）

（出所：法務省資料より当社作成）

(3)　斎場

　斎場は，大都市などで民間事業者が設置している施設もありますが，ほとんどの施設は地方自治体または各市町村が共同で設立した一部事務組合（衛生施設組合など）によって整備・運営されています。

　地方自治体や一部事務組合において施設不足や老朽化により新たに斎場を整備する場合，従来手法（公共工事）のほか，PFI手法も幅広く活用されてきました。

①　可茂衛生施設利用組合新火葬場

　岐阜県美濃加茂市にある火葬場可茂聖苑は，1969年に建設され，施設の老朽化が進んでいました。また，将来，施設規模の不足も見込まれていたため，可茂衛生施設利用組合では，火葬場の建替えを実施することとしました。設計・建設，維持管理・運営について，民間事業者の創意工夫を活用することにより財政負担の軽減およびサービス水準の向上等を図るため，PFI手法（BTO方式，サービス購入型）が採用されています。

図表2－25－3 事業概要

事 業 名	可茂衛生施設利用組合新火葬場整備運営事業
発 注 者	可茂衛生施設利用組合（美濃加茂市，可児市，坂祝町，富加町，川辺町，七宗町，八百津町，白川町，東白川村および御嵩町で組織する一部事務組合）
受 注 者	PFI可茂サービス㈱（代表企業：大日本土木㈱）
事 業 期 間	設計・建設　　　：2017年4月～2019年3月 維持管理・運営：2019年4月～2034年3月
施 設 規 模	延床面積：4,935.11m²，火葬炉11基，待合室11室，駐車場他
事 業 費	契約金額：約5,534百万円（税込）

（出所：可茂衛生施設利用組合資料，可茂聖苑HPより当社作成）

　本節までに対象とした分野以外に，人工衛星，通信施設，港湾施設，ESCO事業（省エネルギー事業），防衛省の民間船舶活用事業，運転免許センター，動物愛護センター，公営競技（競馬場）などの分野でもPFI手法が活用されています。

用語集
(50音順・アルファベット順)

◎あ行

一部事務組合

普通地方公共団体（都道府県，市町村）および特別区が，その事務の一部等を共同処理するために設ける特別地方公共団体。普通地方公共団体と同様に法人格を有しており，規約で定められた共同処理事務の範囲内において，行政主体として事務を執行する権能を有している。

公の施設

自治体が設置する施設のうち，住民の福祉を増進する目的をもってその利用に供するために設けられる施設（地方自治法第244条第1項）。

◎か行

外郭団体

地方自治体の事務事業と密接に関連した業務を行う団体で，地方自治体が出資，補助，貸与等を行っている関係から，運営等について指導・助言しうる団体を指す。

基本構想

自治体が公共施設等の整備を行うにあたり，最初に行う具体的な検討。基本構想では，整備の目的，コンセプト・基本方針，施設規模や施設の概要，立地，おおまかなスケジュール等が示される。

基本計画

公共施設等の整備に関する基本構想を受けて，自治体が事業実施に向けて策定するより具体的な計画。基本計画策定の作業においては，施設構成，業務内容，財源，官民連携の可能性と導入効果などが検討される。

基本協定

落札者（優先交渉権者）決定後，公共施設等管理者および落札者の義務について必要な事項を定める，公共施設等管理者と落札者との間で結ばれる契約。

協議会方式

地方自治法（第252条）の規定に基づき，普通地方公共団体（都道府県，市町村）が事務の一部を共同して管理・執行するために，関係地方公共団体の協議により規約を定め，協議会を行うもので，規約の協議について関係地方公共団体の議会の決議を要する。

行政財産

自治体において公用または公共用に供する財産。行政財産は行政目的のために利用されるべきものであるため，貸付，私権の設定等を原則として禁止しているが，PFIに関しては，PFI法第69条の規定により，選定事業者に対する行政財産の貸付けが可能。

現在価値（PV，Present Value）

将来の価値を一定の割引率を用いて割り戻した現在の価値。

公共施設等

PFI事業の対象施設（PFI法第2条）。

構成企業

複数の企業で構成するグループ（コンソーシアム）の一員。構成企業は，SPCに出資するとともに，設計，建設，維持管理，運営のいずれかの業務を担当し，SPCと直接業務受託契約を締結する。

公共施設等運営権（コンセッション）方式

利用料金の徴収を行う公共施設について，施設の所有権を公共主体が有したまま，施設の運営権を民間事業者に設定する方式で，2011年のPFI法改正により導入された方式。

コンソーシアム（Consortium）

PFI事業の実施者となる民間事業者の公募にあたり組成される企業グループ。

混合型

サービス購入型と独立採算型の特徴を兼ね備えたPFIの事業類型で，サービス購入料と利用料収入等を合わせて，事業に必要な費用をまかなう。

◎さ行

サービス購入型

公共サービスの提供に対して，公共（発注者）から支払われるサービス購入料によって，民間事業者が事業に要する費用を回収するPFIの事業類型の1つ。

債務負担行為

1つの事業や事務が単年度で終了せずに後の年度においても負担（支出）をしなければならない場合に，あらかじめ後の年度の債務を約束することを予算で決めておくこと。たとえば，公共施設の建設工事で2年度にわたる工事契約を締結する場合に，1年度目および2年度目における個々の金額を明確にし，全体の期間と負担額を確定させ，将来の負担を約束する行為。

事業関連契約（業務委託契約，業務請負契約など）

一定の業務を請け負わせるため，SPCと落札者の構成企業等との間で結ばれる契約。

事業契約

公共施設等管理者と民間事業者との間で締結される契約。民間事業者は公共施設等管理者の要求する水準の公共サービスを提供する義務を負い，公共施設等管理者は民間事業者に対し提供される公共サービスの対価を支払う義務を負うことなどを規定する。

施設利用権

自治体等が所有する公共施設について，民間事業者が維持管理・運営を行う権利。民間事業者や第三セクターが施設を建設後，自治体等に所有権を移転し，その対価として施設利用権を得る事業方式が一般的。

実施契約（公共施設等運営権実施契約）

コンセッション事業において，公共施設等の管理者と民間事業者との間で締結される運営権の内容を規定する契約。一般的なPFI事業における事業契約に相当する。

実施方針

PFI手法導入の目的，事業内容，事業範囲，事業スキームおよび募集スケジュール等の周知のため，PFI法第5条により作成・公表される資料。

指定管理者制度

2003年の地方自治法改正により創設された制度で，地方自治体の公の施設について，NPO団体やボランティア団体などを含む民間事業者に対して，幅広く管理運営を委任できることとなった。指定管理者制度を導入する際には，自治体は条例を制定し，指定の期間を定め，公募等による指定管理者の選定手続きの後，議会の議決を経て指定管理者を指定する。

仕様発注（方式）

発注者が施設の構造，資材，施工方法等について，詳細な仕様を決め，設計書等によって民間事業者に発注する方式。

上下分離

主要な施設の整備を行う主体と，それ以外の施設整備および運営を行う主体を分ける事業方式。鉄道事業においては，線路など主要な設備を整備する主体と車両などを購入し運行を行う主体を分けることがあることから，上下分離と呼ばれている。

随意契約

国や自治体が競争の方法によらず，任意に特定の相手方を選定して契約を締結する方法。競争入札に付する手間を省き，特定の資産，信用，能力等のある相手方を任意に選定できるため，契約事務の負担を軽減するという長所を持っている。しかし，契約の相手方の選定が偏ってしまうと，適正な価格による契約締結が確保できなくなる短所も併せ持っており，その運用に際しては，関係法令および各団体の条例や財務規則等に則った適正な執行が必要。

性能発注（方式）

発注者が求めるサービス水準を明らかにし，事業者が満たすべき水準の詳細を規定した発注のこと。PFI事業においては，性能発注方式により，民間の創意工夫の発揮を促している。

◎た行

第三セクター

地方自治体が出資をしている会社，財団法人，社団法人，地方三公社。第一セクター（行政）と第二セクター（民間）が共同で設立することから第三セクターと呼ばれる。

定期借地権

期間を定めて土地を賃借する権利。普通借地権と異なり，契約の更新，期間の延長を行わない。公有地活用の官民連携事業で広く用いられている。

導入可能性調査

施設整備の目的・必要性，導入効果など，基本構想・基本計画の策定段階で簡易的に検討した事項についての論点整理，詳細検討などを行い，対象事業に係る適切な事業手法の検討を行う調査。

特定事業の選定

対象事業にPFI手法を導入して実施することが最適であると，公共施設等管理者が最終的な判断を行う，PFI法第7条に規定される手続。

特別目的会社（SPC, Special Purpose Company）

ある特定の事業のみを行うために設立された組織体のことで，PFIでは，公募で選定されたコンソーシアムが，株式会社等の組織体を新たに設立して，事業を実施することが一般的。

独立採算型

公共サービスの提供に対して，利用者からの利用料金収入や付帯事業収入によって，民間事業者が事業に要する費用を回収するPFI事業の事業類型の1つ。

◎は行

バリュー・フォー・マネー（VFM, Value for Money）

PFI事業における最も重要な概念の1つで，支払い（Money）に対して最も価値の高いサービス（Value）を供給するという考え方。

負担付寄附

地方自治体が寄附または贈与を受ける際，その契約条件に基づいて地方自治体が法的な義務を負い，その義務不履行の場合には，寄附または贈与の効果に何らかの影響を与えるもの。地方自治法において寄附を受けるためには議会の議決が必要であるとされている。

普通財産

行政財産以外の一切の公有財産。行政財産が行政目的のために直接使用されるものであるのに対し，普通財産は間接的に行政執行に寄与するものであり，貸付による収益を自治体の財源に充てる等，その経済的な価値に主眼がおかれ，貸付，売却，私権の設定等が可能とされている。

包括的民間委託

包括的民間委託とは，受託した民間事業者が創意工夫やノウハウ活用により効率的・効果的に運営できるよう，複数の業務や施設を包括的に委託するもので，民間事業者の創意工夫を引き出すため，複数年契約，性能発注方式にすることが一般的。

◎ま行

モニタリング

PFI事業においては，選定事業者により提供される公共サービスが要求水準に従い，適正に事業が実施されているかどうかを確認する行為。

◎ら行

ライフサイクル・コスト（LCC，Life Cycle Cost）

プロジェクト（事業）において，計画から，施設の設計，建設，維持管理，運営，修繕，事業終了までの事業全体にわたり必要なコスト。

リスク分担

事業において想定され得るリスクを，公共と民間事業者で分担することあるいは分担の仕方。リスク分担における原則は，「各々のリスクを最も適切にコントロールできるものがリスクを負担する」という考え方。

◎英文

BOO（Build-Own-Operate）

民間事業者が施設等を建設・所有し，維持・管理および運営を行い，事業終了時点で民間事業者が施設を解体・撤去する等の事業方式。

BOT（Build-Operate-Transfer）

民間事業者が施設等を建設し，維持・管理および運営を行い，事業終了時に公共施設等管理者に施設所有権を移転する事業方式。

BTO（Build-Transfer-Operate）

民間事業者が施設等を建設し，施設完成時に公共施設等管理者に所有権を移転し，民間事業者が維持・管理および運営を行う事業方式。

LABV（Local Asset Backed Vehicle）

地方自治体が公有地を現物出資し，民間事業者が資金を出資した事業主体が，公民連携によって施設の整備等を行う事業手法。

LCC（Life Cycle Cost）

→ライフサイクル・コストの項を参照。

Park-PFI（公募設置管理制度）

都市公園に民間の優良な投資を誘導し，公園管理者の財政負担を軽減しつつ，都市公園の質の向上，公園利用者の利便の向上を図ることを目的とし，2017年に都市改正法が改正されてできた制度。設置管理許可の延伸等の特別措置や，国による支援制度が設けられていることが特徴。

PFI（Private Finance Initiative）

公共施設等の整備・運営を行うにあたり，設計・建設から維持管理，運営までの業務を，長期間にわたり一括して民間事業者に委ねる事業手法で，日本語表記は「民間資金等活用事業」。民間事業者が持つ経営能力や技術，ノウハウなどを活用し，従来手法（公共工事）に比べて，少ない財政負担でより良い住民サービスの提供を目的とする。

PPP（Public Private Partnership）

公共サービスの提供において何らかの形で民間が参画する方法を幅広く捉えた概念で，民間の資金やノウハウを活用し，公共施設等の整備等の効率化や公共サービスの水準の向上を目指す手法で，日本語表記は「公民連携事業」。具体的な手法としては，PFI，コンセッション，指定管理者制度，包括的民間委託等が挙げられる。

RO（Rehabilitate Operate）

施設を改修し，管理・運営する事業方式。施設等の所有権移転はなく，自治体が引き続き施設の所有者となる。

SPC（Special Purpose Company）

→特別目的会社を参照。

VFM（Value For Money）

→バリュー・フォー・マネーを参照。

参考文献

1. 書籍

- ㈱民間資金等活用事業推進機構編著『自治体担当者のためのPFI実践ガイドブック』中央経済社，2019
- 松本茂章編著『岐路に立つ指定管理者制度　変容するパートナーシップ』水曜社，2019
- 宮脇淳編著『指定管理者制度　問題解決ハンドブック』東洋経済新報社，2019
- ㈱民間資金等活用事業推進機構編著『PFIのファイナンス実務』中央経済社，2020
- 日本政策投資銀行，日本経済研究所，（一財）日本経済研究所，価値総合研究所編著『地域創生と未来志向型官民連携　PPP/PFI20年の歩み，「新たなステージ」での活用とその方向性』ダイヤモンド社，2020
- 平塚勇司『都市公園のトリセツ　使いこなすための法律の読み方』学芸出版社，2020

2. 調査報告書

- 会計検査院「平成11年度決算検査報告」（東京湾アクアラインの運営について）2000
- ㈱三菱総合研究所（文部科学省）「図書館・博物館等への指定管理者制度導入に関する調査研究報告書」2010
- 空港運営のあり方に関する検討会「空港経営改革の実現に向けて（空港運営のあり方に関する検討会報告書）」2011
- 国土交通省「下水道事業運営に関する基本的な方向性について」2013
- 国土交通省「公共施設管理における包括的民間委託の導入事例集」2014
- 国土交通省「公的不動産の有効活用等による官民連携事業 事例集」2014
- 不動産証券化手法等による公的不動産（PRE）の活用のあり方に関する検討会「公的不動産（PRE）の活用事例集」2015
- 国土交通省「民間収益施設の併設・活用に係る官民連携事業 事例集」2016（2020改訂）
- 総務省「公立病院経営改革事例集」2016
- 総務省「地方公共団体におけるPFI手法導入による課題とその対処方法に関する事例研究 調査報告書」2017
- 総務省「地方公営企業の抜本的な改革等に係る先進・優良事例集」2017

- 文化庁「劇場，音楽堂等の設置・管理に関する実態調査 報告書」2017
- 内閣府「稼げるまちづくり取組事例集『地域のチャレンジ100』」2017
- 国土交通省「公的不動産の利活用における地元企業の多様な取組方策等事例集」2018
- （一財）地域創造「公立文化施設の管理運営状況に関する調査研究報告書」2018
- 総務省「公の施設の指定管理者制度の導入状況等に関する調査結果」2019
- 総務省「平成30年度地方公営企業年鑑」
- 総務省「平成30年度第三セクター等の出資・経営等の状況に関する調査結果」2020
- 文部科学省「公立学校施設実態調査」2020
- 文部科学省「平成30年度社会教育調査」2020
- 文部科学省「文教施設における多様なPPP/PFI事業等の事例集 施設整備を含む先導的なPPP/PFI事業編」2020
- 内閣府「PPP/PFI事例集」

3．ガイドライン，手引きおよびマニュアル
- 国土交通省「性能発注の考え方に基づく民間委託のためのガイドライン」2001
- 国土交通省「国土交通省直轄工事における技術提案・交渉方式の運用ガイドライン」2015
- 内閣府「PPP/PFI手法導入優先的検討規程　運用の手引き」2017
- 総務省「経営戦略策定ガイドライン改訂版 水道事業・先進的取組事例集（別添1-1），下水道事業・先進的取組事例集（別添2-1）」2017
- スポーツ庁，経済産業省「スタジアム・アリーナ改革ガイドブック〈第2版〉」2018
- 国土交通省「都市公園の質の向上に向けたPark-PFI活用ガイドライン」2018改正
- 国土交通省「下水道事業における公共施設等運営事業等の実施に関するガイドライン」2019
- スポーツ庁「スポーツ施設のストック適正化ガイドライン」2019改定
- 内閣府「PPP/PFI導入可能性調査簡易化マニュアル　～公共施設の空調整備・更新等事業を例として～」2019

4．その他
- 黒崎文雄「国内鉄道の上下分離方式の解説と今後の展開」『運輸と経済』第74巻，2014

索　引

〈編著者紹介〉

㈱民間資金等活用事業推進機構（PFI推進機構）

　㈱民間資金等活用事業推進機構は，独立採算型等のPFI事業を普及・推進するため，政府と民間企業70社の共同出資により2013年10月に設立された，わが国では初めてとなる本格的なインフラファンドです。

　当社の活動は，個別のPFI事業への出融資に加え，自治体や民間事業者等に対して，案件形成・事業検討に必要なノウハウおよび情報の提供等を行っています。当社が取り組んでいる事業は，事務庁舎，文化・コミュニティ施設，スポーツ施設，学生寮，廃棄物処理施設およびエネルギー施設などの公共施設から，空港，有料道路，上下水道などの大規模インフラまで，幅広い分野に及んでいます。

　（当社ホームページ：http://www.pfipcj.co.jp/）

〈執筆者紹介〉

半田　容章（はんだ　まさあき）

　㈱民間資金等活用事業推進機構　代表取締役社長
　東京大学経済学部，米国イェール大学経営大学院卒
　㈱日本政策投資銀行を経て，2013年10月当社専務取締役，2016年6月より現職
　執筆担当：第1章第1節(5)〜(8)，第2節，第3節，第2章第1節，第3節〜第5節，第9節，第13節，第18節，第20節，第21節，第25節

鬼頭　藤芳（きとう　ふじよし）

　㈱民間資金等活用事業推進機構　プロジェクト支援部副部長
　公認会計士
　横浜国立大学経営学部卒，同大学経営学研究科修士課程，一橋大学商学研究科修士課程修了
　太田昭和監査法人（現EY新日本有限責任監査法人）を経て，2017年1月より現職
　執筆担当：第2章第2節，第6節〜第8節，第12節，第14節，第15節，第17節，第24節

若﨑　舞人（わかさき　まいと）

　㈱民間資金等活用事業推進機構　プロジェクト支援部マネージャー
　慶応義塾大学環境情報学部卒
　㈱三井住友銀行入行後，2020年4月より現職（出向）
　執筆担当：第1章第1節(1)〜(4)，第2章第10節，第11節，第16節，第19節，第22節，第23節

公共施設別　公民連携ハンドブック

2021年10月10日　第1版第1刷発行

編著者　株式会社民間資金等
　　　　活用事業推進機構
発行者　山　本　　　継
発行所　㈱中央経済社
発売元　㈱中央経済グループ
　　　　パブリッシング

〒101-0051　東京都千代田区神田神保町1-31-2
電話　03 (3293) 3371 (編集代表)
　　　03 (3293) 3381 (営業代表)
https://www.chuokeizai.co.jp
印刷／三英印刷㈱
製本／㈲井上製本所

© 2021
Printed in Japan